Gunther Löbach

DAMASZENER STAHL

Theorie und Praxis

WIELAND

Gunther Löbach

Damaszenerstahl

Theorie und Praxis

3. Auflage 2019

ISBN 978-3-938711-31-6

Wieland Verlag GmbH, Rosenheimer Straße 22, D-83043 Bad Aibling
Telefon 08061/38998-0, Fax 08061/38998-20
Internet: www.wieland-verlag.com
E-mail: info@wieland-verlag.com

Titelbildgestaltung: Andreas Schleicher
Gestaltung, Satz, Repro: Caroline Wydeau, Andreas Schleicher
Abbildungen: Gunther Löbach (sofern nicht anders vermerkt)

Druck: Print Consult
Printed in EU

Gewidmet meinen Eltern

Otty † und Bernd

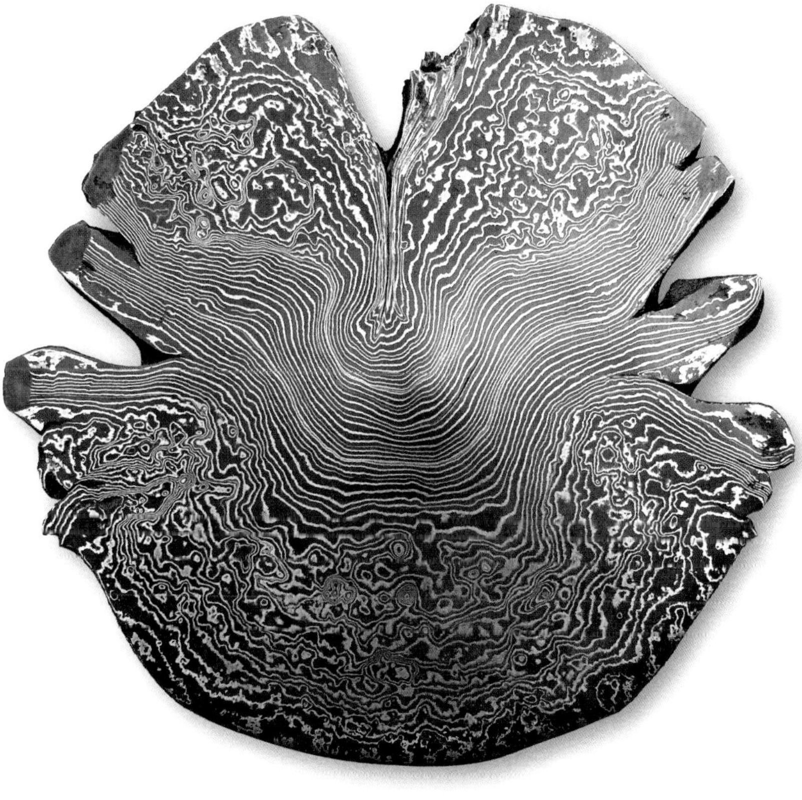

Inhalt

Vorwort		8
Einleitung: Mythos Damaszenerstahl		10
TEIL I: THEORIE		14
1	**Arten von Damaszenerstahl**	16
1.1	Schweißverbunddamast	16
1.2	Pulvermetallurgischer Damast	16
1.3	Schmelzdamast (Wootz)	19
1.4	Ähnliche Werkstoffe und Techniken	21
1.4.1	Raffinierstahl	21
1.4.2	Falscher Damast	21
1.4.3	„Damaszieren"	23
1.4.4	Mokume Gane	24
1.4.5	Timascus	25
1.4.6	Dambrascus	25
1.4.7	Supraleitende Drähte	25
2	**Herkunft und Geschichte**	27
2.1	Antike (800 v. Chr. bis 600 n. Chr.)	27
2.2	Mittelalter (600 bis 1500 n. Chr.)	30
2.3	Neuzeit (1500 bis 1800 n. Chr.)	30
2.4	Das 19. Jahrhundert	31
2.5	Das 20. Jahrhundert	33
3	**Ästhetische Erscheinung**	36
3.1	Prinzipielle Parallelen	36
3.1.1	Stein	36
3.1.2	Holz	37
3.1.3	Metall	39
3.1.4	Glas	39
3.1.5	Tierische Produkte	39
3.1.6	Lebensmittel	39
3.2	Visuelle Parallelen / Assoziationen	40
3.3	Gestaltungsmöglichkeiten	41
3.3.1	Farbe und Kontrast	41
3.3.2	Textur	42
3.3.3	Form und Muster	43
3.3.4	Kombination mit anderen Materialien und Techniken	43
4	**Muster im Damaszenerstahl**	44
4.1	Laminat	46
4.2	Mosaik	47

4.2.1 Bitmap-Mosaik 47
4.2.2 Spirograph-Mosaik 48
4.2.3 Matrix-Mosaik 49
4.2.4 Puzzle-Mosaik 50
4.2.5 Fertigteil-Mosaik 51
4.3 Orientierung 52
4.4 Vervielfältigung 53
4.5 Torsion 55
4.5.1 Kombination mehrerer Torsionsstäbe 56
4.5.2 Abschliffstadien 56
4.6 Oberflächenmanipulation 58
4.6.1 Prägetechnik 58
4.6.2 Kerbtechnik 58
4.7 Deformation 60
4.8 Entfaltung 61
4.9 Deckschicht / Multibarren 63
4.9.1 Verbundklingen 64
4.9.2 „Wurmbunter" Damast 66
4.10 Intarsien 67
4.11 Beispielgalerie 68

TEIL II: PRAXIS 74

5 Allgemeines zur Praxis 76
5.1 Viele Wege zum Ziel 76
5.2 Arbeitssicherheit 78
5.2.1 Feuerschweißen 78
5.2.2 Schleifen / Polieren 78
5.2.3 Umgang mit Säuren 79

6 Werkstoffe 80
6.1 Kohlenstoffgehalt 80
6.1.1 Schweißeigenschaften 80
6.1.2 Kohlenstoffdiffusion 81
6.1.3 Färbung 81
6.2 Andere Legierungsbestandteile 81
6.2.1 Mangan 81
6.2.2 Nickel 81
6.2.3 Chrom 82
6.3 Gängige Werkstoffe 82
6.3.1 WZ-Stahl 1.2842 (90MnCrV8) / US-Norm: O2 82
6.3.2 Feilenstahl 1.2206 (140CrV1) 82
6.3.3 Kugellagerstahl 1.3505 (100Cr6) 82
6.3.4 Federstahl 1.5026 (55Si7) 82

6.3.5 Baustahl 1.0037 (S235, früher St37) 82
6.3.6 WZ-Stahl 1.2796 (75Ni8) 82
6.3.7 WZ-Stahl 1.2767 (X45NiCrMo4) 82
6.3.8 Reinnickel 2.4060 82

7 Wärmequellen 84
7.1 Kohlefeuer 84
7.2 Gasesse 86
7.3 Elektrischer Ofen 88

8 Kraftquellen 90
8.1 Handhammer 90
8.2 Maschinenhammer 90
8.3 Hydraulikpresse 91
8.4 Weitere Möglichkeiten 92

9 Hilfsmittel 93
9.1 Flussmittel 93
9.1.1 Quarzsand (Siliciumdioxid SiO_2) 93
9.1.2 Borax (Di-Natriumtetraborat $Na_2[B_4O_5(OH)_4]$) 93
9.1.3 Mischungen und Additive 94
9.2 Ätzmedien 94
9.2.1 Eisen(III)-Chlorid ($FeCl_3$) 94
9.2.2 Schwefelsäure (H_2SO_4) 94
9.2.3 Zitronensäure ($C_6H_8O_7$) 95

10 Vorbereiten des Pakets 96
10.1 Größe des Pakets 96
10.2 Lagenzahl und -anordnung 98
10.3 Vorbereitung der Oberflächen 99
10.4 Fixierung & Handgriff 102

11 Feuerschweißen 106
11.1 Vorwärmen des Pakets 106
11.2 Flussmittel aufbringen 107
11.3 „Packen" 108
11.4 Auf Schweißtemperatur erwärmen 110
11.5 Verschweißen 112
11.6 Schweißung kontrollieren 114
11.7 Schweißfehler 115
11.7.1 Prävention 115
11.7.2 Beseitigung 116

12 Mosaik 118
12.1 Bitmap-Mosaik 118
12.2 Spirograph-Mosaik 120
12.3 Matrix-Mosaik 122
12.4 Puzzle-Mosaik 124
12.5 Fertigteil-Mosaik 125
12.5.1 Drahtseil 125
12.5.2 Maschinenketten 127

13	**Vervielfältigung**	129
13.1	Planung	132
13.2	Ausrecken	133
13.3	Weitere Bearbeitung	133
14	**Torsion**	134
14.1	Vorbereitung	134
14.2	Tordieren des Stabs	136
14.3	Weitere Bearbeitung	138
15	**Oberflächenmanipulation**	140
15.1	Prägetechnik	140
15.2	Kerbtechnik	144
16	**Deformation**	148
16.1	Explosions-Damast	148
17	**Entfaltung**	154
18	**Kombinationsmuster**	156
18.1	Deckschicht-Technik	156
18.2	Multibarren-Technik	156
18.2	Intarsien-Technik	157
19	**Bearbeiten von Damast**	159
19.1	Schmieden	159
19.2	Trennen	160
19.3	Weichglühen	161
19.4	Zerspanen	163
19.5	Schleifen	164
19.6	Härten & Anlassen	166
19.7	Ätzen	167
19.8	Pflege	169
	Schlusswort	170
	ANHANG	171
	Werkstoffe und Wärmebehandlung	171
	Bezugsquellen	171
	Literatur	172
	Informationsquellen	172
	Index	173

Vorwort

Noch deutlich erinnere ich mich an den heißen Sommertag, als ich und ein paar Kommilitonen der Hochschule für Angewandte Wissenschaft und Kunst (HAWK) Hildesheim unter der Anleitung des Werkstattleiters Hartwig Gerbracht unsere ersten Versuche mit Damaszenerstahl unternahmen. Pakete aus Baustahl und 1.2842, die aufgrund der nur ansatzweise beherrschten Wärmeführung wiederholt verbrannten, Schweißfehler, Schweißausbrüche, Brandlöcher in Kleidern und Gliedmaßen – aber all dies war vergessen, als sich beim Ätzen des ersten erfolgreich verschweißten Pakets die erhoffte, filigrane Maserung zeigte.

Beginnend mit diesem ersten, kleinen Erfolg entwickelte sich in mir eine Faszination für dieses Material, die bis heute ungebrochen ist und sich stetig gesteigert hat. Es zu verstehen, herzustellen und nach den eigenen Vorstellungen zu formen, wurde regelrecht zu einer Obsession.

Kaum ahnte ich zu Anfang, welch vielfältige Möglichkeiten und Wissensgebiete dahinter steckten; im Laufe der Zeit entdeckte ich durch das Studium entsprechender Literatur und Gespräche mit erfahrenen Damast-Schmieden immer neue Teilbereiche. Historie, Materialeigenschaften, Stahlsorten, Musterbildung, Wärmebehandlung, Oberflächen- und Ätztechniken sowie nicht zuletzt die gestalterischen Möglichkeiten sind einige der Aspekte, die dieses Material so vielschichtig und interessant machen. Wie im Folgenden dargestellt wird, ergibt sich aus der großen Zahl von Einflussfaktoren eine schier unermessliche Variationsbreite – was einerseits viele Möglichkeiten eröffnet, es andererseits aber fast unmöglich macht, das Thema in Gänze zu erfassen.

So ist das Ziel dieses Buches, in übersichtlicher Form eine breite Wissensbasis über den Werkstoff Damaszenerstahl zu vermitteln. Es soll eine Grundlage bilden, auf der durch eigene Forschung und Versuche die verschiedenen Teilbereiche weiter vertieft werden können.

Im ersten Teil wende ich mich dem Damaszenerstahl auf einer theoretischen Ebene zu und widme mich der Historie, der technischen Einteilung und verschiedenen, gängigen Mustern. Diese theoretische Betrachtung des faszinierenden Werkstoffs wird im zweiten Teil dieses Buches in Form einer Anleitung in die Praxis überführt. Hier stelle ich die Herstellung, Musterbildung und weitere Bearbeitung von Schweißverbunddamast dar.

Die Praxis der Herstellung und Bearbeitung von Schmelzdamast (Wootz) wird in diesem Buch nicht behandelt. Sie stellt gänzlich andere Anforderungen an Ausstattung, Wissen und Geduld des Anwenders und ist Einsteigern nicht unbedingt zu empfehlen.

Mein besonderer Dank gilt Achim Wirtz, der durch eine Vielzahl von beigesteuerten Anregungen, Fakten und Abbildungen die Veröffentlichung dieses Buches möglich gemacht hat. Weiterhin möchte ich den folgenden Personen meinen Dank aussprechen, die alle auf die eine oder andere Weise zu seinem Entstehen beigetragen haben: Aliki Apoussidou, Per Billgren, Prof. Werner Bünck, Joel Davis, Christian Deminie, Hartwig Gerbracht, Ulrich Gerfin, Dr. Barbara Grotkamp-Schepers, Manfred Heiser, Lutz Hoffmeister, Robert Kaufmann, Chad Nichols, Mick Maxen, Gene Osborn, Martin Steinhorst, Peter J. Stienen, Jean-José Tritz und Richard van Dijk, Dr. Hartwin Weber.

Gunther Löbach
im Juni 2013

Der Autor ist über seine Homepage www.ScorpioDesign.de zu erreichen.

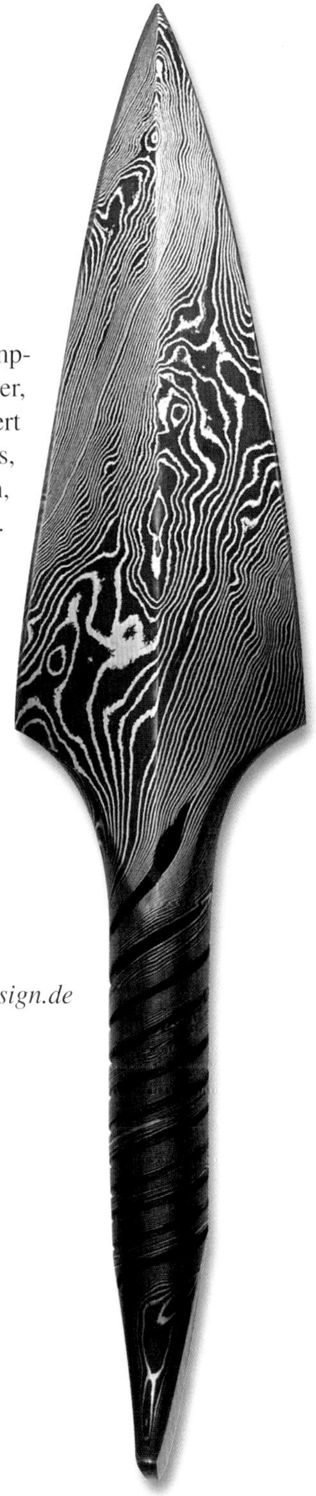

Mythos Damaszenerstahl

Eine Vielzahl von Legenden und Halbwahrheiten rankt sich um Damaszenerstahl und seine charakteristische Erscheinung. Die Ursache dafür liegt zum einen in der Vielfalt und Komplexität des Themas sowie der teilweise unklaren Quellenlage, es ist aber auch eine Folge pseudowissenschaftlicher (TV-)Dokumentationen. Die Geheimniskrämerei rund um den Damaszenerstahl hat auch wirtschaftliche Gründe: Naturgemäß kennen sich mit diesem Material diejenigen Menschen am besten aus, die es selbst herstellen und in den meisten Fällen auch vermarkten. Diese haben aber selten ein großes Interesse an der Entzauberung der (durchaus verkaufsfördernden) Mythen.

Im Folgenden sollen einige der verbreitetsten Legenden und Unklarheiten rund um den Damaszenerstahl kurz angesprochen und gegebenenfalls berichtigt werden. An den entsprechenden Stellen gebe ich jeweils Verweise zu detaillierten Informationen im weiteren Verlauf des Buchs.

Was ist eigentlich Damaszenerstahl?

Damaszenerstahl ist ein inhomogener Stahl. Das heißt, er besitzt eine ungleichmäßige Verteilung der enthaltenen Legierungselemente (zum Beispiel Kohlenstoff, Mangan, Nickel). Dieser Zustand kann auf zwei verschiedenen Wegen erzielt werden: Entweder werden Stücke von zwei oder mehr Stählen unterschiedlicher Zusammensetzung zu einem Block verbunden (Schweißverbunddamast 1.1, oder pulvermetallurgischer Damast, siehe 1.2) oder es findet unter bestimmten Umständen eine Entmischung eines erschmolzenen Stahls statt (Schmelzdamast, siehe 1.3).

Die Zonen verschiedener Zusammensetzung unterscheiden sich auch im Korrosionsverhalten, je nach den enthaltenen Legierungselementen. Die „unedleren" Bereiche werden stärker angegriffen. Mit einer Säurebehandlung des geschliffenen Damaszenerstahls können durch diesen Effekt die charakteristischen Muster sichtbar gemacht und eine Reliefstruktur erzeugt werden.

Die unterschiedlichen Sorten von Damaszenerstahl werden im Abschnitt 1 beschrieben.

Wurde Damaszenerstahl in Damaskus erfunden?

Nein. Weder Schweißverbunddamast noch Schmelzdamast wurde in der syrischen Metropole erfunden. Damaskus stellte aber über viele Jahrhunderte einen zentralen Umschlagplatz für Güter aller Art dar. Historiker gehen davon aus, dass sich die Bezeichnung „Damaszenerstahl" etabliert hat, da Waffen aus diesem Material hier in großen Stückzahlen gehandelt und daher vielerorts mit der Stadt verknüpft wurden. Im Abschnitt 2 stelle ich die historische Entwicklung von Damaststahl dar. Die abgekürzte Form „Damast" findet heutzutage vorrangig Verwendung, und die beiden Begriffe werden in diesem Buch bedeutungsgleich benutzt.

Wieviel „Zauberei" ist bei der Herstellung von Damaszenerstahl im Spiel?

Keine. In früheren Zeiten mögen die Schmiede und ihre Arbeitstechniken geheimnisumwittert gewesen sein, weil ihr Wissen und Können bei der Herstellung und Bearbeitung des Stahls ihren Zeitgenossen wie reine Magie vorkam. Die verdunkelte Werkstatt (zur besseren Erkennung der Glühfarbe) und das Murmeln von Versen (um die Dauer einzelner Arbeitsschritte zu messen) haben sicher ein Übriges dazu beigetragen.

In unserer heutigen Zeit glauben nur wenige Menschen an Magie, und der Mythos um die Damast-Herstellung hat andere Gründe. Die meisten nehmen zu Recht an, dass der für sie unverständliche Herstellungsprozess wissenschaftlich erklärbar ist und insofern ohne jegliche Zauberkräfte funktioniert. Aber gerade weil uns die enormen Leistungen der modernen Industrieproduktion bewusst sind, geht eine Faszination von der Möglichkeit aus, lediglich mit Feuer und Hammer – also archaischen, anachronistischen Methoden – ein Material herzustellen, das in den meisten Fällen hervorragende Eigenschaften und eine außergewöhnliche ästhetische Erscheinung besitzt.

Sind Damast-Klingen generell „besser" als solche aus anderem Stahl?

Nein. Zunächst ist die Qualität einer Klinge neben dem verwendeten Material auch abhängig von Geometrie und Wärmebehandlung. Aber auch bei der Betrachtung materialabhängiger Qualitätsaspekte (erreichbare Schärfe, Schnitthaltigkeit, Flexibilität) bilden die Eigenschaften der verwendeten Ausgangsmaterialien die Basis.

Heute steht dem Klingenschmied eine Vielzahl von hervorragenden, genormten Stählen zur Verfügung. Viele von diesen lassen sich untereinander zu Damaszenerstahl kombinieren. Durch Wechselwirkungen der unterschiedlichen Materialien (wie zum Beispiel das Wandern mancher Legierungsbestandteile) ergeben sich neue Materialeigenschaften. Damit diese ebenso gut oder besser sind als die der Ausgangsmaterialien, bedarf es einerseits einer sinnvollen Materialkombination, andererseits auch Können und Sachverstand des Schmieds. In Abhängigkeit davon gibt es bei Damast-Klingen genauso wie bei Monostahl-Klingen gute wie auch schlechte Beispiele.

Damaszenerstahl gewinnt seine Daseinsberechtigung heute vorwiegend aus der ungewöhnlichen ästhetischen Erscheinung als Gestaltungselement (mehr dazu im Abschnitt 3.3) und dem mit diesem Material verknüpften Mythos.

Es können mit eng verwandten Techniken sogenannte Sandwich-Klingen hergestellt werden, die einen makroskopischen Verbundaufbau haben, zum Beispiel Dreilagen-Klingen mit Deckschichten aus „weichem" Material. Solche Aufbauten sind in der Regel Monostahl-Klingen hinsichtlich ihrer Flexibilität überlegen. Derartige Kombinationstechniken wurden und werden vielfach von den gleichen Schmieden angewandt, die auch Damaszenerstahl herstellen und können natürlich auch mit diesem Material kombiniert werden.

Warum sind Klingen aus Damaszenerstahl berühmt für ihre Qualität?

Sie waren in früherer Zeit technisch überlegen. Die Gewinnung von Stahl hoher Qualität und einheitlicher Güte war bis in die Zeit der Industrialisierung sehr aufwändig. Daher wurden die Waffen der einfachen Soldaten aus durchschnittlichem oder gar minderwertigem Material gefertigt. Waffen aus Damaszenerstahl waren dagegen in den meisten Fällen aufwändige Einzelstücke für den Adel und wurden zumeist von sehr guten Schmieden hergestellt. Diese beherrschten auch die übrigen, für die Qualität einer Klinge maßgeblichen Aspekte (Materialwahl, Geometrie, makroskopischer Verbundaufbau, Wärmebehandlung) hervorragend. Außerdem wurden stets die besten verfügbaren Stähle für derart aufwändige Klingen verwendet. Bedingt durch diese Umstände waren Waffen aus Damaszenerstahl der „Massenware“ weit überlegen und dementsprechend geschätzt oder gefürchtet.

Heute ist dieser Vorsprung durch die Weiterentwicklung der Verhüttungstechnik und die große Zahl von genorm-

ten Stahlsorten verschwunden. Sowohl bei Monostahl wie auch bei Damast ist das Wissen und Können des Schmieds entscheidend für die endgültige Qualität einer Klinge.

Was macht heute den Mythos von Damaszenerstahl aus?

Die Exotik. Der Begriff Damaszenerstahl wird in vielen Fällen mit säbelschwingenden Sarazenenkriegern, Damaskus, den Märchen aus 1001 Nacht und allgemein einem orientalischen Ambiente verknüpft. Diese gängigen Klischees bilden, unterstützt und visualisiert durch Film und Fernsehen, ein exotisches Umfeld, das zumeist aber keinen Bezug zur tatsächlichen geschichtlichen Entwicklung und geographischen Verbreitung hat. Unabhängig davon hat auch allein der Stahl mit seiner markanten Musterung den Reiz des Ungewöhnlichen, des Obskuren.

Die Vielfalt. Wer sich mit den verschiedenen Arten und Musterbildungen des Damaszenerstahls ein wenig auseinandersetzt, wird schnell erkennen, dass dieses Feld schier unbegrenzte Möglichkeiten eröffnet. Aus der großen Zahl von Einflussfaktoren auf das Erscheinungsbild des Materials (siehe Abschnitte 3.3 und 4) resultiert eine enorme Variationsbreite, die stets Raum zum Entdecken, Ausprobieren und Erleben von Neuem bietet.

Der Unikatcharakter. Handgemachter Damaszenerstahl ist ein „lebendiger" Werkstoff, weil jedes Stück anders aussieht. Die Art der Bearbeitung bildet sich wie eine Handschrift in der Struktur und damit dem Muster ab. Unregelmäßigkeiten unterstützen die organischen Muster und verleihen ihnen einen unverwechselbaren Charakter. So wie es keine zwei Holzstücke mit absolut identischer Maserung gibt, ist jedes Stück dieses Materials einzigartig.

Die Wertigkeit. Generell wird Damaszenerstahl als hochwertiges und infolgedessen hochpreisiges Material wahrgenommen. Der beträchtliche Herstellungsaufwand und besonders der hohe Anteil an Handarbeit an diesem Prozess bedingt entsprechend hohe Verkaufspreise.

Ist industriell hergestellter Damast „echt"?

Das ist Ansichtssache. Seit es möglich ist, Damaszenerstahl in industriellem Maßstab herzustellen (siehe 1.1 und 1.2), gibt es eine kontroverse Diskussion, ob es sich dabei um „echten" Damast handelt oder nicht. In technischer Hinsicht lässt sich diese Frage relativ eindeutig mit „Ja" beantworten, allerdings fehlen diesem Werkstoff einige der eben genannten Aspekte.

So ist die Musterung stets einheitlich, bedingt durch den standardisierten, maschinellen Herstellungsprozess. Der Unikatcharakter geht dadurch verloren. Auch die Auswahl der angebotenen Muster ist recht eingeschränkt, da es unwirtschaftlich ist, eine Vielzahl von unterschiedlichen Herstellungs- und Bearbeitungsverfahren parallel zu betreiben.

Da die mythischen Aspekte des Damaszenerstahls für die meisten Käufer sehr wichtig sind, werden in der Diskussion über „echt" oder „unecht" Argumente angeführt wie „der Stahl muss im Feuer erwärmt worden sein". Das ist meiner Ansicht nach aber wenig zielführend, da auch hier wieder viele Abstufungen existieren – gilt eine Gasesse noch als Feuer oder ausschließlich eine Kohleesse? Ist andersherum handgeschmiedeter Damast „unecht", wenn er im Elektroofen erwärmt wurde?

Wie man sieht, ist hier eine scharfe technische Abgrenzung kaum möglich, so dass schlussendlich nur der Käufer und Benutzer selbst entscheiden kann, was für ihn „echter" Damaszenerstahl ist. Dabei sollte er sich darüber klar werden, welche Aspekte ihm wichtig sind: Schätzt er das Individuelle des handgeschmiedeten Damaszenerstahls, oder geht es ihm vorrangig um den gemusterten Stahl als solchen, ohne dass die Art der Herstellung dabei von Belang ist? Das ist abhängig vom Wissen um die einzelnen Arten und deren Unterschiede, aber nicht zuletzt auch eine Frage des persönlichen Geschmacks.

Foto:
Deutsches Klingenmuseum,
Lutz Hoffmeister

Teil 1: Theorie

Arten von Damaszenerstahl

Es existieren mehrere Arten von Damaszenerstahl sowie ähnliche Werkstoffe und Techniken, die leicht verwechselt werden können. Deshalb sollen zunächst die einzelnen Varianten, Imitate und Parallelen vorgestellt werden.

1.1 Schweißverbunddamast

Schweißverbunddamast besteht aus Stücken von zwei oder mehr verschiedenen Eisen-/Stahlsorten. Im einfachsten Fall handelt es sich um Blechstücke aus zwei Werkstoffen unterschiedlicher Legierungszusammensetzung, die abwechselnd geschichtet und dann durch Feuerschweißen verbunden werden. Dazu werden sie auf Temperaturen um 1100-1200 °C erwärmt und dann durch mechanischen Druck (Schmieden) zusammengefügt.

Durch abschließendes Ätzen des Werkstücks wird die Struktur sichtbar gemacht. Der Kontrast der Musterung hängt dabei vorrangig von den enthaltenen Legierungselementen der Stähle und deren relativer Position in der elektrochemischen Spannungsreihe ab. Besonders nennenswert sind in diesem Zusammenhang Nickel (hell) und Mangan (dunkel), zwei Legierungsbegleiter, die das Feuerschweißen begünstigen und in Kombination einen markanten Kontrast erzeugen.

Rostträge, chromhaltige Stähle lassen sich mit der klassischen Methode nicht verschweißen. Das beim Erwärmen an den Metalloberflächen entstehende Chromoxid verhindert eine Verbindung der Materialien. Solche Werkstoffe können nur mit relativ großem technischen Aufwand unter Sauerstoffabschluss (Schutzatmosphäre oder Vakuum) verschweißt werden. Es gibt verschiedene, industriell hergestellte Sorten von rostträgem Schweißverbunddamast. Diese werden zumeist durch Verwalzen von Blechen erzeugt, die zuvor auf Schweißtemperatur erwärmt wurden, wobei die gesamte Walzstraße in Schutzatmosphäre oder Vakuum steht.

Die beim Schweißverbunddamast entstehenden Muster können in vielfältiger Weise beeinflusst werden, zum Beispiel durch die Form der verwendeten Ausgangsmaterialien und verschiedene Schmiedetechniken. Diese Variationsmöglichkeiten werden in Kapitel 4 ausführlich dargestellt.

1.2 Pulvermetallurgischer Damast

Das pulvermetallurgische (PM) Verfahren folgt dem gleichen Prinzip, das auch beim Schweißverbunddamast angewandt wird: „Stücke" von Stählen und Legierungszusätzen werden zu einem Block verbunden. Die Unterschiede liegen zum einen in der Größe der verwendeten Metallstücke und zum anderen in der Art des thermischen Fügeverfahrens.

Beim PM-Verfahren werden – wie der Name schon vermuten lässt – sehr kleine Partikel (Korngröße etwa 0,1 mm) verwendet, die durch Zerstäuben von flüssigem Metall unter Schutzgasatmosphäre erzeugt werden. Dieses Stahlpulver wird entsprechend der gewünschten Legierungszusammensetzung gemischt und anschließend bei hohen Drücken und Temperaturen durch Sintern zu einem Block verbunden (Heiß-isostatisches Pressen, HIP).

Pulvermetallurgische Erzeugnisse zeichnen sich durch eine sehr gleichmäßige und feinkörnige Verteilung der Stahlbestandteile (Karbide etc.) aus. Die daraus resultierenden Vorteile sind enorme Zähigkeit und Bruchfestigkeit des Werkstoffs. Zudem bietet die Pulvermetallurgie die Möglichkeit, auch Bauteile mit komplexer Geometrie herzustellen, was die Nachbearbeitung auf ein Minimum reduziert. Ein weiterer Vorteil ist, dass durch die Verwendung von Schutzgas oder Vakuum auch chromhaltige (also korrosionsbeständige) Stähle verschweißt werden können.

Arten von Damaszenerstahl und ähnliche Materialien

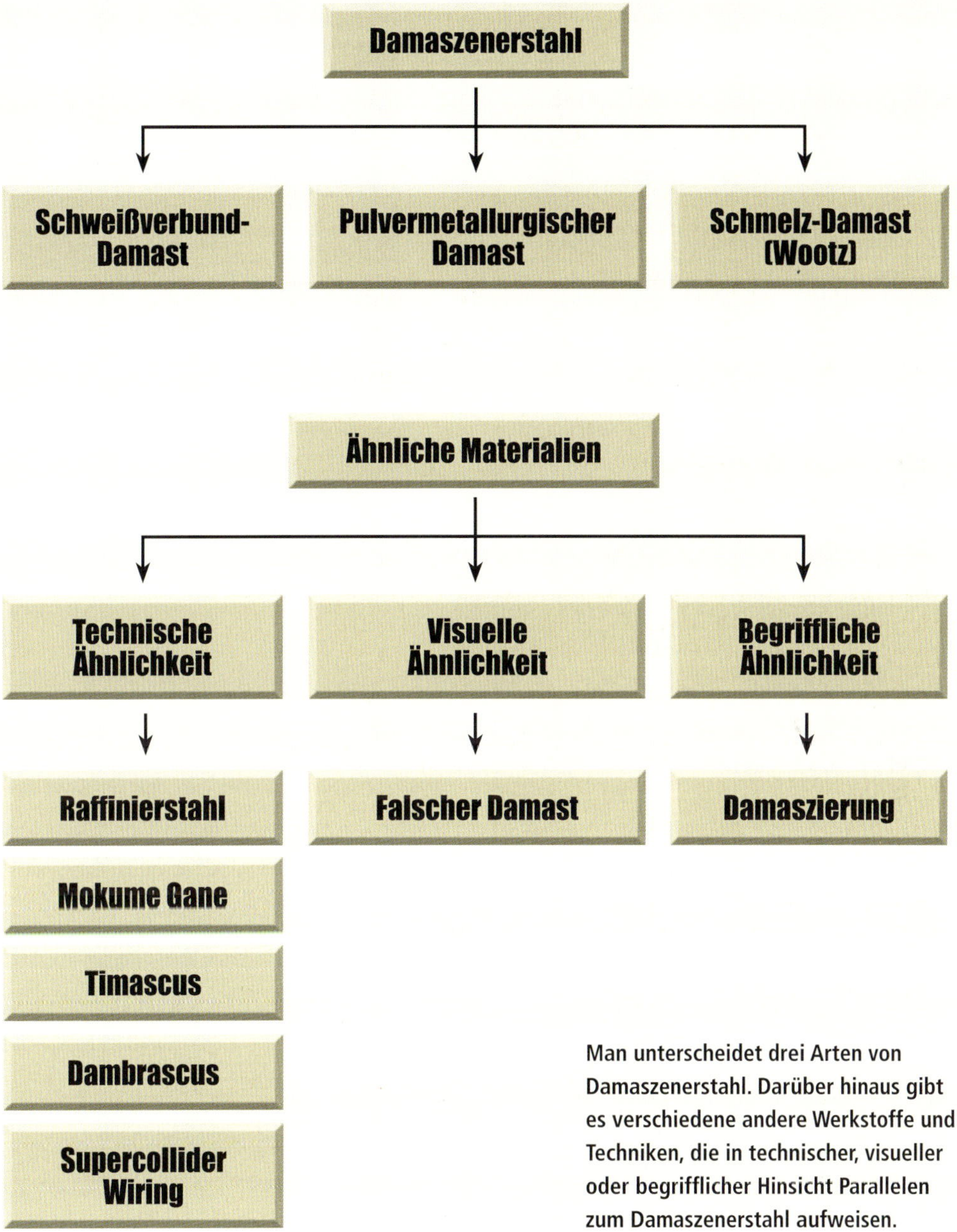

Man unterscheidet drei Arten von Damaszenerstahl. Darüber hinaus gibt es verschiedene andere Werkstoffe und Techniken, die in technischer, visueller oder begrifflicher Hinsicht Parallelen zum Damaszenerstahl aufweisen.

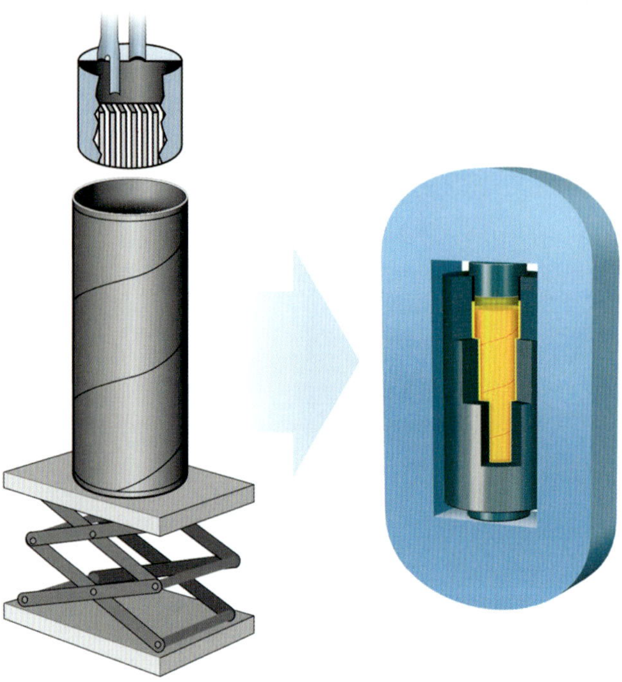

Schweißverbunddamast wird aus einzelnen Stücken verschiedener Stahlsorten zusammengesetzt.

PM-Damast wird aus Pulver verschiedener Stahlsorten durch Sintern gebildet.

Abbildungen: Damasteel AB

Die schwedische Firma Damasteel AB hat sich die Eigenheiten dieses Verfahrens zunutze gemacht, um Pulver von zwei verschiedenen Stahlsorten gezielt in bestimmten Mustern anzuordnen und auf diese Weise eine Art Schweißverbunddamast herzustellen. Die entstandenen Blöcke werden konventionell mittels Schmieden und Walzen weiter bearbeitet. Die Musterbildung erfolgt mit den gleichen Techniken wie bei herkömmlichem Schweißverbunddamast (siehe Abschnitt 4), allerdings in industriellem Maßstab.

Damasteel-Material wird als Halbzeug (Stangenmaterial mit rundem oder rechteckigem Querschnitt) mit verschiedenen Mustern angeboten. Der Einzelhandelsverkaufspreis unterscheided sich je nach Muster und Querschnitt, liegt aber im Mittel zwischen 400 und 600 Euro pro Kilogramm (Stand: Mai 2009).

Damasteel-Damast wurde 1993-1994 entwickelt und wird seit 1995 industriell produziert. Aufgrund seiner Eigenschaften (Korrosionsbeständigkeit, für die meisten Aufgaben gute Stahlqualität) erfreut er sich großer Beliebtheit bei Industrie und (Kunst-)Handwerk. Der Haupt-Verwendungszweck sind Messerklingen.

1.3 Schmelzdamast (Wootz)

Diese Damastsorte wird in vielen Quellen als der „echte" Damaszenerstahl genannt. Dies rührt möglicherweise daher, dass es eben dieses Material ist, das in der Handelsmetropole Damaskus vorrangig umgeschlagen wurde und für die Namensgebung maßgeblich war. Der Schmelzdamast wurde aber später entwickelt als der Schweißverbunddamast (siehe Kapitel 2).

Der Begriff „Wootz" stammt aus dem indischen Sprachraum. Laut einer Studie des Indologen Jürgen Hanneder von der Universität Halle leitet er sich von dem Sanskrit-Wort „Vuds" ab, was soviel bedeutet wie (hochwertiges) Eisen oder Stahl.

Im Gegensatz zu Schweißverbunddamast wird dieser Werkstoff nicht aus Stücken verschiedener Stähle zusammengefügt, sondern wie ein konventioneller Stahl erschmolzen (daher die Bezeichnung „Schmelzdamast"). Das Produkt dieses Vorgangs, ein Stahlbarren von charakteristischer Form, wird als „Wootz-König" oder „Wootz-Kuchen" bezeichnet.

Entscheidend für die besonderen Eigenschaften ist neben einem hohen Kohlenstoffgehalt (etwa 1,5 Prozent) eine spezielle Legierungszusammensetzung. Sie wurde in der Vergangenheit nur in einer bestimmten Region von Indien als Erz mit den entsprechenden Begleitelementen vorgefunden. Durch diese Legierungszusätze (vor allem Molybdän und Vanadium), von denen nur sehr geringe Mengen (0,003-0,02%) in dem Stahl enthalten sind, sowie genau definierte Temperaturen, Halte- und Abkühlzeiten, kommt es bei der langsamen Erstarrung der Schmelze zu starken Inhomogenitäten (Dendriten) und damit zu einer ungleichen Verteilung der primären Karbide. Dieses sogenannte „Primärmuster" ist zumeist in diesem Zustand schon an der Oberfläche des Wootz-Kuchens erkennbar.

Wird das Material danach durch wiederholtes Schmieden „durchgeknetet", werden diese Bereiche (Dendriten und dazwischen der sogenannte Sumpf, der ganz zuletzt erstarrt ist) durch Umformung gestreckt und die Karbide zerkleinert. Durch langes zyklisches Zwischenglühen in bestimmten Temperaturbereichen werden die Karbide zusätzlich noch umgelagert, ohne die makroskopische Inhomogenität als solche zu stören. Diese Umlagerung wird durch Zusätze von Vanadium und Molybdän noch gefördert. Es ergeben sich Bereiche nahezu homogen verteilter Karbide neben fast karbidfreien Streifen. Die nun auch an der Oberfläche erkennbare Struktur wird als „Sekundärmuster" bezeichnet.

Es handelt sich beim Wootz also im Prinzip um einen Monostahl mit inhomogener Karbidverteilung. Während beim Schweißverbunddamast die Bereiche unterschiedlicher Zusammensetzung schichtartig angeordnet sind, durchdringen sie sich beim Schmelzdamast wie ein Filz. Anders ausgedrückt kann man sich die karbidreichen Sektoren wie ein dreidimensionales Netz vorstellen, das den Stahl durchzieht.

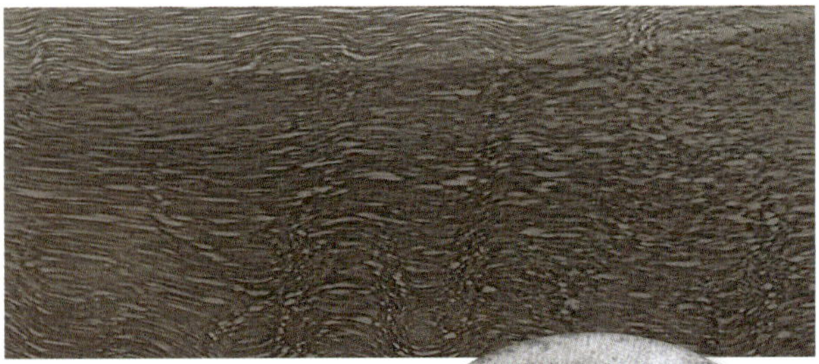

Wootz entsteht durch Erschmelzen einer Stahlsorte mit bestimmter Zusammensetzung und eine aufwändige Schmiedebearbeitung.

Fotos: Deutsches Klingenmuseum, Lutz Hoffmeister (oben), Achim Wirtz (rechts)

Bei diesem Anker aus Raffinierstahl ist die Struktur („Faserrichtung") des Werkstoffs durch die Korrosion gut zu erkennen. Exponat des Far North Regional Museum, Neuseeland.

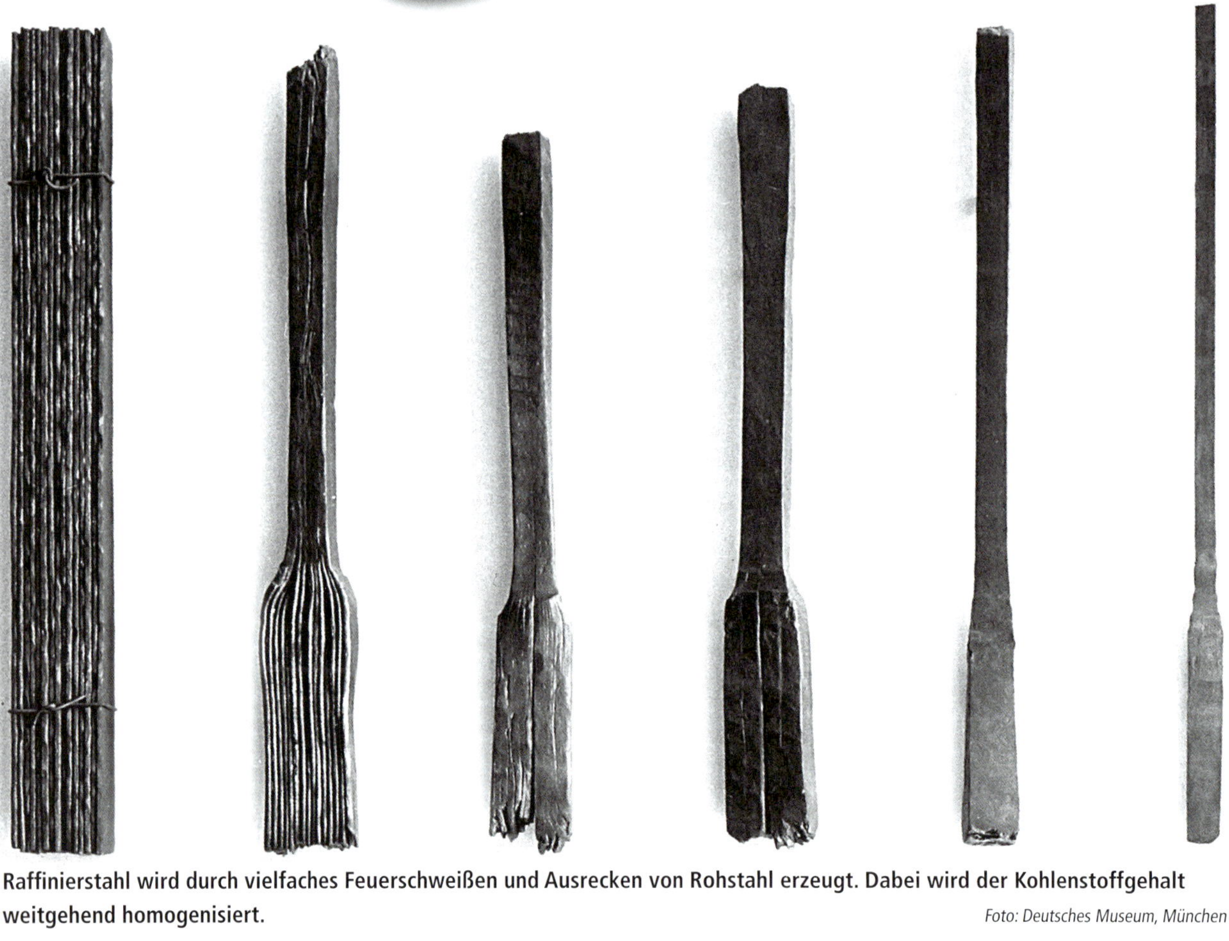

Raffinierstahl wird durch vielfaches Feuerschweißen und Ausrecken von Rohstahl erzeugt. Dabei wird der Kohlenstoffgehalt weitgehend homogenisiert.

Foto: Deutsches Museum, München

Die Muster von Schmelzdamast sind sehr charakteristisch und kaum mit Schweißverbunddamast nachzubilden. Je nach Herstellungsart und Stahlzusammensetzung kann es zu groben oder feinen Mustern kommen. Diese können durch die Techniken der Oberflächenmanipulation (siehe Abschnitt 4.6) weiter verändert werden, sind jedoch aufgrund der „unruhigen" Musterung zumeist undeutlicher als bei Schweißverbunddamast. Solche nachträglich beeinflussten Wootz-Muster bezeichnet man als „Tertiärmuster".

1.4 Ähnliche Werkstoffe und Techniken

Im Folgenden stelle ich weitere Werkstoffe vor, die gewisse Parallelen zum Damaszenerstahl aufweisen und mitunter mit diesem verwechselt werden. Manche davon haben lediglich eine Namensverwandschaft oder eine vergleichbare ästhetische Erscheinung, andere werden in ähnlicher Weise hergestellt und unterscheiden sich durch die verwendeten Materialien.

1.4.1 Raffinierstahl

Bei dieser Sorte werden ebenfalls Stücke unterschiedlicher Güte und Zusammensetzung als Ausgangsmaterial verwendet und durch Feuerschweißen verbunden. Der Sinn des Verfahrens ist jedoch genau entgegengesetzt: Durch vielfaches Falten und Verschweißen soll der Stahl derart homogenisiert werden, dass er eine einheitliche Qualität erhält. Die durch etliche Schweißvorgänge erzeugten Lagen sind derart fein, dass sie mit bloßem Auge kaum noch wahrnehmbar sind. Durch die Diffusion des Kohlenstoffs zwischen den einzelnen Schichten wird der C-Gehalt des Werkstoffs homogenisiert. Die speziellen technischen und ästhetischen Eigenschaften von Schweißverbunddamast gehen durch diesen Prozess verloren.

Dieses Verfahren wurde angewandt, solange die Gewinnung von Stahl einheitlicher Güte mit der aktuellen Verhüttungstechnik noch nicht möglich war. In vielen Fällen dienten zwei unterschiedliche Güten von Raffinierstahl als Ausgangsmaterial für Schweißverbunddamast.

Japanische Schwertschmiede perfektionierten ihr Können auf diesem Gebiet derart, dass sie in der Lage waren, die endgültige Zusammensetzung des traditionell verwendeten Schwertstahls (tamahagane – „Juwelenstahl") durch die Auswahl und Mischung der Ausgangsstücke weitestgehend zu steuern. Anhand von Farbe, Gewicht und Bruchbild konnten sie Rückschlüsse auf die Qualität und den Kohlenstoffgehalt von Stücken der erschmolzenen Luppe (kera) ziehen. Weitergehende Informationen zu diesem Thema finden sich in dem Buch „Japanische Schwertschmiedekunst" (siehe Literaturliste).

1.4.2 Falscher Damast

Gegen Ende des 19. Jahrhunderts, als Damaszenerstahl

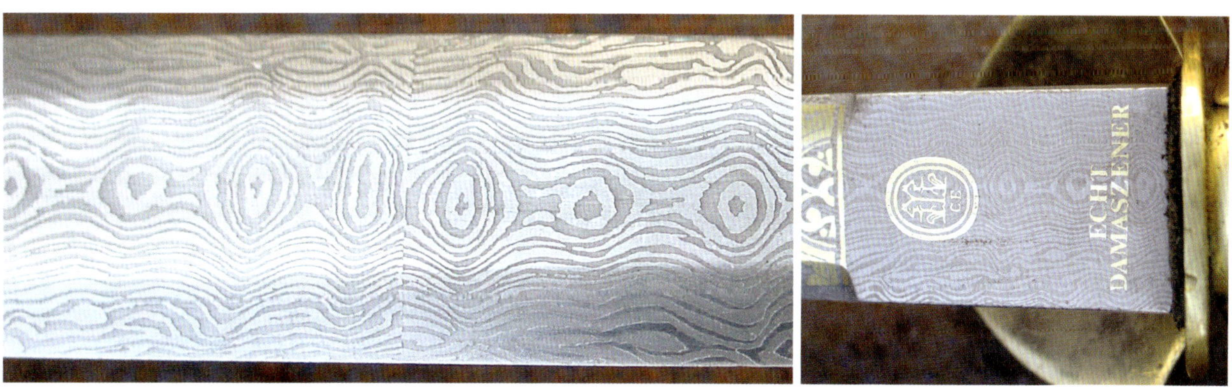

Ein Dolch mit falscher Damast-Musterung. Man erkennt deutlich den Ansatz der Umdruck-Vorlage.

Foto: Peter J. Stienen

für Blank- und Feuerwaffen enorme Popularität genoss, wurde im Zuge der beginnenden Industrialisierung nach Methoden gesucht, dieses Material in größerem Umfang herzustellen oder zumindest nachzubilden. Die Lösung fand man in der Anwendung von Dekorätzungen, die die verschiedenen Damast-Muster oberflächlich auf Monostahl-Erzeugnissen imitierten.

Um diesen Effekt zu erzielen, wandte man ein Lithografieverfahren an, bei dem Umdrucke aus Ätzgrund mittels Seidenpapier auf die zu verzierende Metallfläche übertragen werden. Als Vorlage dienten entweder echte Damastmuster oder solche, die von Hand nachgezeichnet wurden.

Bei diesem Verfahren wird das Werkstück schließlich in einem Säurebad geätzt, wobei nur die freiliegenden Partien angegriffen werden, so dass sich das Muster auf der Fläche reliefartig abzeichnet. Um den Kontrast zu erhöhen, werden teilweise noch verschiedene Brüniertechniken angewandt. Das Muster dieses falschen Damaszenerstahls ist natürlich nur oberflächlich, hat keinerlei Bezug zur inneren Struktur des Stahls und kann durch Schleifen unwiederbringlich entfernt werden. Wie „echt" ein solches Ätzdekor aussieht, hängt stark von den verwendeten Vorlagen und Brüniertechniken ab. Es gibt gute wie auch schlechte Beispiele.

1.4.3 „Damaszieren"

Dieses in Solingen perfektionierte Dekorverfahren umfasst ein Repertoire verschiedener Ätz-, Brünier- und Vergoldungs-Techniken. Es wurde häufig zum Verzieren von Klingen eingesetzt, hat aber technisch keine Ähnlichkeit zu Damaszenerstahl.

Musterbuch mit verschiedenen Damaszierungen.

Foto: Deutsches Klingenmuseum Solingen, Lutz Hoffmeister

1.4.4 Mokume Gane

Diese Technik der Verbindung von verschiedenen Bunt- und Edelmetallen (unter anderem Kupfer, Silber und Gold) sowie deren Legierungen wurde um 1700 n.Chr. in Japan von Denbei Shoami entwickelt. Der Aufbau ähnelt grundsätzlich dem von Schweißverbunddamast, nur dass statt verschiedener Stahlsorten die eingangs genannten Werkstoffe als Ausgangsmaterial dienen. Es existieren drei Fügeverfahren.

Löten: Diese Technik führt in vielen Fällen zu Problemen bei der weiteren Bearbeitung, da sich die Dehnung von Lot und Grundmaterial zumeist drastisch unterscheidet, was zur Ablösung der Schichten sowie Rissbildung führen kann.

Diffusionsschweißen mit Schmelzphase: Bei diesem Verfahren werden die Ausgangsmaterialien vorsichtig soweit erhitzt, bis sich an den Kontaktflächen eine neue Legierung bildet, die aufgrund ihres niedrigeren Schmelzpunkts flüssig ist und nach dem Erkalten für eine Verbindung der Metalle sorgt.

Festkörperdiffusionsschweißen: Im Gegensatz zu der vorgenannten Technik werden die Materialien nur auf Temperaturen erhitzt, die deutlich unter den Schmelzpunkten der beteiligten Metalle und auch demjenigen ihrer gemeinsamen Legierung liegt. Während einer langen Brenndauer (acht bis zwölf Stunden) unter Schutzgasatmosphäre diffundieren an den Grenzflächen Atome der Grundmetalle in das jeweilig andere Material, und es bilden sich neue Mischkristalle.

Die Bildung von Mustern erfolgt bei Mokume Gane mit den gleichen Techniken wie beim Schweißverbunddamast (siehe Abschnitt 4). Mokume Gane eignet sich aufgrund der relativ weichen Materialien vorwiegend für Schmuckgegenstände und Silberschmiedearbeiten. Für Werkzeuge, insbesondere Schneidwerkzeuge, kann es nicht sinnvoll eingesetzt werden. Gegenüber dem mono-

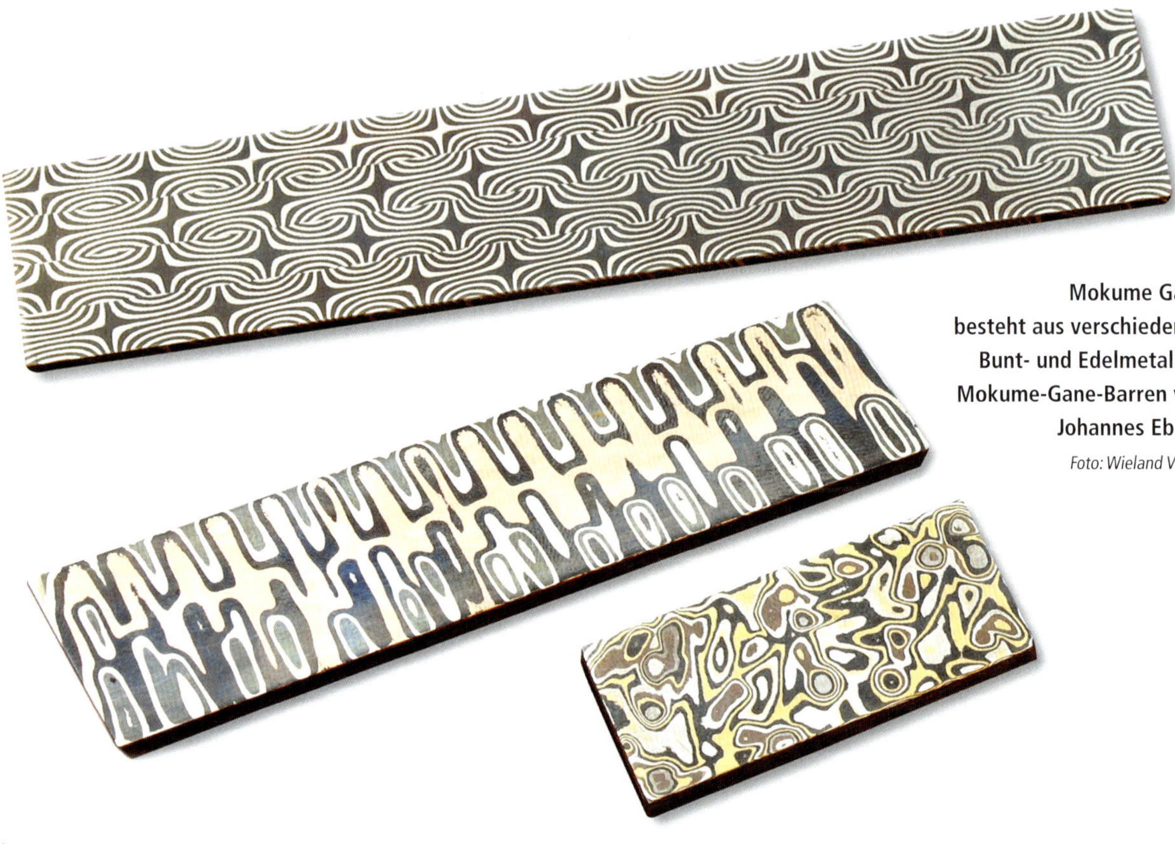

Mokume Gane besteht aus verschiedenen Bunt- und Edelmetallen. Mokume-Gane-Barren von Johannes Ebner.

Foto: Wieland Verlag

chromen Damaszenerstahl bringt es aber den Aspekt der Farbe ins Spiel. In Japan wird eine Vielzahl von ungewöhnlichen Legierungen verwendet, die von Natur aus oder mit Hilfe diverser Oberflächenbehandlungen ein breites Spektrum von Farbtönen abdecken. Diese eröffnen dem Gestalter viele zusätzliche Möglichkeiten.

Weitere Informationen finden sich im Buch „Mokume Gane“ (siehe Literaturverzeichnis im Anhang).

1.4.5 Timascus

Dieser Werkstoff wurde 2002 von den US-Amerikanern Chuck Bybee, Bill Cottrell und Tom Ferry entwickelt. Es gelang ihnen erstmalig, Schichten von unterschiedlichen Titanlegierungen durch Feuerschweißen zu verbinden. Das genaue Verfahren ist ihr wohlgehütetes Geheimnis, aber es existieren mittlerweile genug Objekte aus Timascus, um von einer guten Reproduzierbarkeit der Versuche auszugehen.

Timascus ist ein Verbund unterschiedlicher Titan-Legierungen, die beim Anodisieren oder thermischen Färben markante Farbkontraste bilden. Gatter-Messer von Hans Weinmüller.

Foto: Wieland Verlag

Dambrascus besteht aus einem Drahtseil, dessen Poren mit geschmolzenem Messing gefüllt werden. Messerbacken aus gebläutem Dambrascus von Gene Osborn. *Foto: Gene Osborn*

Der Reiz dieser Titan-Titan-Verbindung liegt in der Tatsache, dass die einzelnen Legierungen sich beim thermischen Färben oder Anodisieren unterschiedlich verhalten und so ein Wechsel von kräftigen Farben erzielt werden kann. Darüber hinaus bietet Timascus natürlich auch die Vorteile „herkömmlichen“ Titans: Es ist relativ leicht und extrem korrosionsbeständig. Der hochgerechnete Einzelhandelsverkaufspreis liegt zwischen 1200 und 2000 US-Dollar pro Kilogramm (Stand: November 2008).

1.4.6 Dambrascus

Der Name dieses Werkstoffs leitet sich von „brass“ (engl.: Messing) her. Es handelt sich um einen Verbund von Stahl und Messing, der auf ungewöhnliche Weise hergestellt wird: Ein Abschnitt eines Drahtseils wird auf Gelbglut erhitzt und dann in einen Tiegel mit geschmolzenem Messing getaucht. Dabei dringt das flüssige Metall in die Poren des Drahtseils ein und geht mit ihm eine Verbindung ein. Anschließend kann das Werkstück normal weiterbearbeitet werden.

Basierend auf einer traditionellen Technik, bei der Löcher in grobem Damast mit geschmolzenen Buntmetallen gefüllt werden, entwickelte der US-Amerikaner Gene Osborn 1994 diese Methode. Sie stellt eine Kombination von Damaszenerstahl- und Mokume-Gane-Techniken dar.

1.4.7 Supraleitende Drähte

Das Herstellungsverfahren von supraleitenden Drähten zum Einsatz in Hochenergie-Elektromagneten weist gewisse Parallelen zum Schweißverbundstahl auf. Diese Drähte werden zum Beispiel in Kernspintomographen, Teilchenbeschleunigern oder in Zukunft in Fusionsreaktoren verwendet. Hier stehen jedoch nicht die mechanischen, sondern die elektrischen Eigenschaften im Vordergrund. Die Drähte bestehen aus mehreren Adern einer Niob-Legierung, dem eigentlichen Supraleiter. Diese sind in eine umhüllende Matrix aus Kupfer eingebettet, die dazu dient, beim Zusammenbrechen der Supraleitung (Überschreiten der Sprungtemperatur) den Strom abzuleiten, ohne dass die Spule zerstört wird. In einigen Fällen ist zusätzlich noch eine abschirmende Schicht zwischen Supraleiter und Matrix notwendig, um Wirbelströme in der Matrix zu reduzieren. Dazu werden meist Kupfer-Nickel-Legierungen verwendet. Die Drähte werden zunächst durch Strangpressen als Paket (Bolzen) verschweißt und dann auf etliche Kilometer Länge und Durchmesser im Millimeterbereich ausgezogen. Die Stärke der Adern liegt dann im Mikrometerbereich.

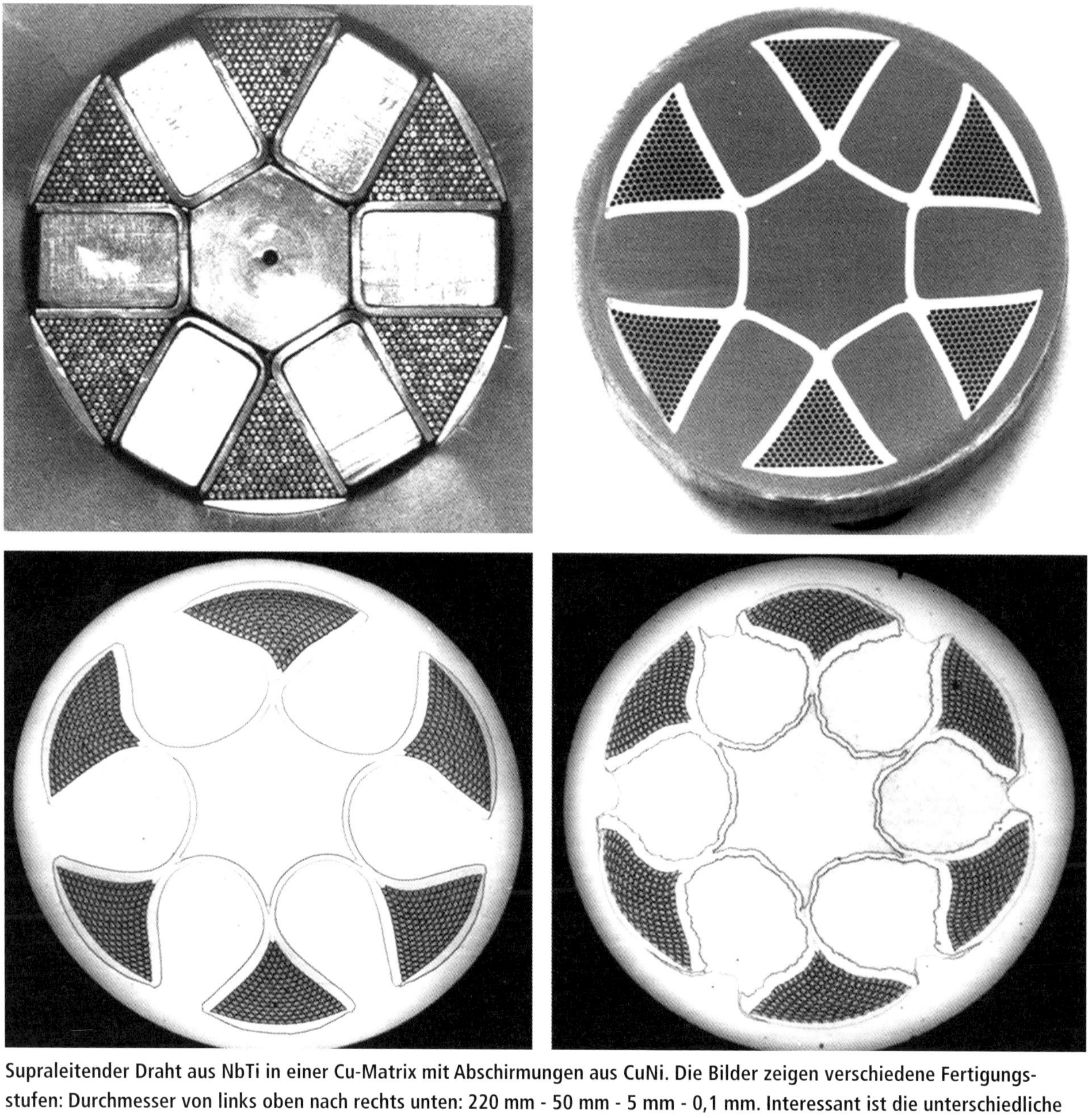

Supraleitender Draht aus NbTi in einer Cu-Matrix mit Abschirmungen aus CuNi. Die Bilder zeigen verschiedene Fertigungsstufen: Durchmesser von links oben nach rechts unten: 220 mm - 50 mm - 5 mm - 0,1 mm. Interessant ist die unterschiedliche Verformung der einzelnen Bestandteile.

Fotos: Dr. Hartwin Weber

Herkunft und Geschichte

Wie bei so vielen Erfindungen der Menschheitsgeschichte war auch beim Damaszenerstahl die Militärtechnik die treibende Kraft – die Suche nach Waffen, die denen des Feindes überlegen sind. Im Falle des Damaszenerstahls lässt sich nicht eindeutig bestimmen, wo und wann diese Technik erstmalig angewendet wurde. Wie auch die Eisenverarbeitung im Allgemeinen, scheint auch der Schweißverbundstahl an mehreren Orten parallel entwickelt worden zu sein. Die ältesten Funde von Schweißverbunddamast datieren auf etwa 300-400 v. Chr. (LaTène-Zeit).

Durch weitreichenden Handel und verschiedene Völkerwanderungen wird die Entstehungsgeschichte dieses Materials weiter vernebelt. Zudem ist die Quellenlage in weiten Teilen leider diffus oder sogar widersprüchlich. Im Folgenden will ich dennoch versuchen, die wichtigsten Stationen in chronologischer Reihenfolge aufzuzeigen.

2.1 Antike (800 v. Chr. bis 600 n. Chr.)

In den Anfängen der Eisenverarbeitung war als Gewinnungsverfahren zunächst nur der Rennofen bekannt – ein gemauerter Ofen mit Holzkohlenbefeuerung, in dem eisenhaltiges Erz zu Eisen erschmolzen wurde. Das Produkt dieses Prozesses war höchst unterschiedlich, was den Kohlenstoffgehalt und die allgemeine Reinheit des Eisens angeht.

Zudem konnten von der erschmolzenen Luppe zunächst nur kleine Bruchstücke verwendet werden, die die Größe der fertigen Erzeugnisse begrenzten. Erst die Erfindung des Feuerschweißens erlaubte es den Schmieden der Antike, mehrere dieser Stücke zu verbinden und somit größere Objekte zu erzeugen.

Im nächsten Schritt wurde erkannt, dass besonders bei Klingen ein Laminat von „weichem" und „hartem" Stahl

Bei dieser antiken Schwertklinge ist durch die Korrosion das Damast-Muster gut sichtbar.

Foto: Deutsches Klingenmuseum Solingen, Lutz Hoffmeister

um 350 v.Chr.
Europa

Die ältesten Funde von Schweißverbund-Damast stammen aus der La-Tène-Zeit. Die Technik verbreitete sich, vor allem während der Römerzeit, über weite Teile Europas.

200-1000 n.Chr.
Nordeuropa

Schweißverbund-Damast wird von den Merowingern, Karolingern und Wikingern hergestellt. Die Klingen besitzen zum Teil schon sehr komplexe Aufbauten.

1750-1900 n.Chr.
Solingen / Lüttich

In Manufakturen werden Mengen von Schweißverbund-Damast hergestellt. Während in Solingen primär Blankwaffen produziert werden, etabliert sich Lüttich als Zentrum für Pistolen- und Flintenläufe.

um 100 n.Chr.
Orient

Die Herstellung von Schmelz-Damast (Wootz) wird in Persien entdeckt. Als im 19. Jahrhundert bestimmte Erzvorkommen in Indien versiegen, gerät die Technik hier in Vergessenheit.

um 1250 n.Chr.
Indonesien

Auf Java entwickelt sich eine hohe Schule der Damast-Schmiedekunst. Hauptsächliches Anwendungsgebiet ist der traditionelle indonesische Dolch, der Kris.

die jeweiligen Vorteile (Zähigkeit und Schnitthaltigkeit) in sich vereinte. So entstanden die ersten Waffen aus Schweißverbundstahl: Verbundklingen, zumeist in Deckschicht-Technik. Schwertfunde aus der LaTène-Zeit (etwa 400-300 v. Chr.) zeigen teilweise schon sehr komplexe Aufbauten.

Gegen Ende der LaTène-Zeit und während der beginnenden Römerzeit wurde das Verfahren weiter perfektioniert und der Verbund unterschiedlicher Stähle zu Dekorzwecken bei besonders prunkvollen Waffen eingesetzt. So wurden die ersten Klingen unter Verwendung von feinlagigem und teilweise tordiertem (verdrehtem) Schweißverbundstahl hergestellt. Eine genaue Datierung ist leider nicht möglich. Es ist davon auszugehen, dass das Verfahren an mehreren Orten (Indien, Persien, vorderer Orient, Nordeuropa) parallel entwickelt wurde. Durch Schmiede von römischen Hilfsvölkern wurde die Technik im römischen Imperium bekannt und verbreitet.

Bemerkenswert sind in diesem Zusammenhang die Funde von Illerup Ådal im heutigen Dänemark. Unter den Opfergaben aus dem 2. Jahrhundert nach Christus ist auch eine Vielzahl von Schwertern mit hochkomplexen Damast-Aufbauten, darunter viele Mosaik- und Intarsiendamaste (siehe Abschnitte 4.2 und 4.10).

Um schnitthaltige und dennoch flexible Klingen herzustellen, wurde in vielen Fällen ein Kern aus weichem Eisen verwendet, der dann mit Deckschichten und Schneidleisten aus dekorativem Schweißverbunddamast belegt wurde. Ein bestimmter Aufbau war sehr gängig und wurde über viele Jahrhunderte in immer ähnlicher Weise hergestellt: die sogenannten „wurmbunten" Klingen, bestehend aus zwei oder mehr tordierten Stäben in der Mitte der Klinge mit aufgesattelten Schneidleisten aus Lagendamast (siehe Abschnitt 4.9.2).

In Persien verbreitete sich in der Antike die Herstellung von Schmelzdamast (Wootz) aus indischem Erz. Der genaue Zeitpunkt der Entdeckung dieses Verfahrens ist nicht rekonstruierbar, die ältesten archäologischen Funde von Wootz-Klingen (Taxila, Pakistan) wurden auf das 1. Jahrhundert n. Chr. datiert. Das einzigartige Wootz-Herstellungsverfahren blieb während seiner gesamten Geschichte weitestgehend auf den arabischen beziehungsweise persischen Kulturkreis beschränkt, während die Technik des Schweißverbunddamasts bei vielen verschiedenen Völkern Anwendung fand.

Nachbau eines Rennofens. Nach Beendigung des Brennvorgangs wird der Ofen geöffnet und die schwammartige Luppe entnommen.

Foto: Achim Wirtz

Ein indonesischer Kris mit auffälligem Muster.

Foto: Deutsches Klingenmuseum Solingen, Lutz Hoffmeister

2.2 Mittelalter (600 bis 1500 n. Chr.)

In Europa wurde Schweißverbunddamast (zumeist in „wurmbuntem" Aufbau) über viele Jahrhunderte nahezu unverändert von den Merowingern, Karolingern und Wikingern hergestellt und verwendet. Gegen Ende des 12. Jahrhunderts begann ein langsamer Rückgang der Produktion – vermutlich waren Fortschritte in der Stahlverhüttung dafür verantwortlich. Da nach und nach die Qualität des Schmelzprodukts besser und vor allem homogener wurde, schwand der technologische Vorsprung des Schweißverbundstahls und stand schließlich in einem schlechten Verhältnis zum Herstellungsaufwand. Ab Ende des 13. Jahrhunderts wurden kaum noch Klingen aus Schweißverbunddamast hergestellt.

Das in Europa schon lange bekannte Verfahren der Raffinierstahl-Herstellung (siehe 1.4.1) wurde um das 7. Jahrhundert n. Chr. in Japan entdeckt. Die dortigen Schwertschmiede erlangten im Verlauf der folgenden Jahrhunderte großes Können bei der Homogenisierung des erschmolzenen Ausgangsmaterials und der Steuerung seines Kohlenstoffgehalts. Auch in Japan wurde den Schwertern durch eine makroskopische Verbundkonstruktion (zum Beispiel mit einem Kern aus weichem Eisen) zusätzliche Zähigkeit verliehen.

Unabhängig von Europa, Japan und dem vorderen Orient entwickelte sich im heutigen Indonesien, vor allem auf Java, eine hohe Schule der Herstellung von Schweißverbunddamast. Die dort seit dem 13. Jahrhundert gefertigten Krise, Dolche mit oft schlangenartig geflammter Klinge, weisen mitunter eine sehr feine Lagenstruktur und starke Kontraste auf, wobei letzteres auch auf die Verwendung von nickelhaltigem Meteoriteneisen zurückzuführen ist.

2.3 Neuzeit (1500 bis 1800 n. Chr.)

Nachdem im 14. und 15. Jahrhundert in Europa sehr wenige Klingen aus Schweißverbunddamast hergestellt wurden, erlebte die Technik ab etwa 1550 eine Renaissance. So wurden zu dieser Zeit wieder vermehrt Blankwaffen aus Damaszenerstahl hergestellt. Zunächst (im 16. Jahrhundert) standen wohl die mechanischen Eigenschaften von Verbundstählen im Vordergrund, die trotz aller Verbesserungen denen des erschmolzenen Stahls überlegen waren und daher besonders bei hochwertigen Waffen des Adels Verwendung fanden. Viele Blankwaffen dieser Zeit waren zwar aus Verbundstahl gefertigt, aber vollständig poliert, so dass das Muster unsichtbar blieb.

Es dauerte jedoch nicht sehr lange, bis die charakteristische Zeichnung wieder Anklang fand und vermehrt auf den Objekten hervorgebracht wurde. Es entwickelte sich eine regelrechte „Modewelle", in deren Verlauf eine große Zahl von Prunkwaffen aus Schweißverbunddamast hergestellt wurde. Im 18. Jahrhundert begann man, auch die Läufe von Feuerwaffen aus diesem Material zu fertigen.

Während dieser Zeit etablierten sich in Europa verschiedene Zentren der Damaszenerstahlherstellung. Während in Solingen überwiegend Blankwaffen gefertigt wurden, erlangte die Stadt Lüttich große Bekanntheit für ihre exzellenten Pistolen- und Flintenläufe. Auch im englischen Birmingham und im Gebiet der heutigen Türkei wurden in dieser Zeit viele Objekte aus Damaszenerstahl hergestellt.

Nachdem zunächst die klassischen Muster repliziert wurden, begann man immer stärker, neue Wege zu beschreiten und sich mit extravaganten Strukturen gegenseitig zu übertrumpfen. Die Technik der Oberflächenmanipulation (siehe 4.6) wurden in dieser Epoche perfektioniert.

2.4 Das 19. Jahrhundert

Die Herstellung von Damaszenerstahl fand vielerorts in Manufakturen statt und gewann immer mehr den Charakter einer industriellen Produktion. So wurden zunehmend strukturierte Walzen eingesetzt, um den Stahl und die verschiedenen Muster in einheitlicher Qualität herzustellen. Aus der zweiten Hälfte des 19. Jahrhunderts sind Kataloge überliefert, aus denen der Kunde Blank- und

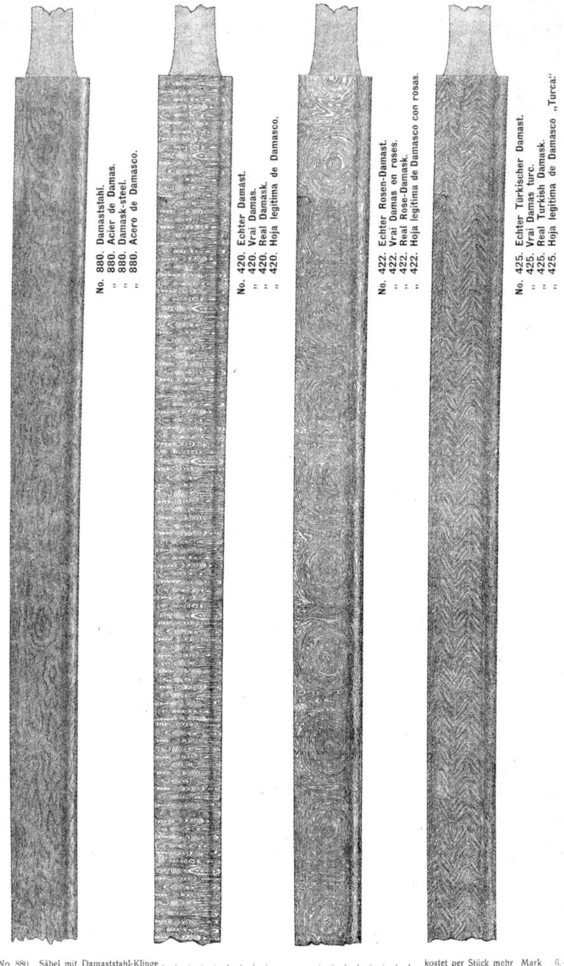

No. 880. Säbel mit Damaststahl-Klinge . . . kostet per Stück mehr Mark 6.–
„ 420. Säbel mit echter Damast-Klinge . . . kostet per Stück mehr „ 25.–
„ 422. Säbel mit echter Rosen-Damast-Klinge . . . kostet per Stück mehr „ 30.–
„ 425. Säbel mit echter türkischer Damast-Klinge . . . kostet per Stück mehr „ 125.–

No. 880. Sabre avec lame acier de Damas . . . la pièce en plus Marcs 6.–
„ 420. Sabre avec lame vrai damas . . . la pièce en plus „ 25.–
„ 422. Sabre avec lame vrai damas en roses . . . la pièce en plus „ 30.–
„ 425. Sabre avec lame vrai damas turc . . . la pièce en plus „ 125.–

No. 880. Sword with Damask-steel blade . . . extra charge Marks 6.–
„ 420. Sword with real Damask blade . . . extra charge „ 25.–
„ 422. Sword with real Rose-Damask blade . . . extra charge „ 30.–
„ 425. Sword with real Turkish Damask blade . . . extra charge „ 125.–

No. 880. Sable con hoja de acero de Damasco . . . cuesta mas la pieza M. 6.–
„ 420. Sable con hoja legitima de Damasco . . . cuesta mas la pieza „ 25.–
„ 422. Sable con hoja legitima de Damasco con rosas . . . cuesta mas la pieza „ 30.–
„ 425. Sable con hoja legitima de Damasco „Turca" . . . cuesta mas la pieza „ 125.–

1

Historischer Musterkatalog der Firma Carl Eickhorn Solingen, um 1900.

Foto: Deutsches Klingenmuseum Solingen, Lutz Hoffmeister

Verschiedene Blankwaffen aus Damaszenerstahl, um 1900.
Foto: Deutsches Klingenmuseum Solingen, Lutz Hoffmeister

Feuerwaffen mit einer Vielzahl von standardisierten Mustern bestellen konnte.

Im Zuge der einsetzenden Industrialisierung wurde nach neuen Wegen gesucht, Schweißverbunddamast und Erzeugnisse daraus wirtschaftlicher (maschinell) zu fertigen. Es zeigte sich aber, dass trotz aller Versuche das Können und Gefühl des Schmieds nicht durch eine Maschine zu ersetzen waren. Schließlich ging man dazu über, die klassischen Damaszenerstahl-Erzeugnisse (Blank- und Feuerwaffen) zunehmend maschinell aus Monostahl herzustellen, dessen Qualität durch entscheidende Fortschritte in der Verhüttungstechnik (1855 Bessemer-Birne, 1864 Siemens-Martin-Verfahren) immer besser wurde und der vor allem wirtschaftlicher herzustellen war.

Da man zunächst nicht auf die ästhetische Erscheinung der Damast-Muster verzichten wollte, wurde deren Imitation durch Ätzdekor auf Monostahl-Erzeugnissen immer populärer (siehe 1.4.2). Das bedrohte die ohnehin schon im Niedergang begriffene Existenz der Damast-Manufakturen zusätzlich und führte zu einem größeren Konflikt zwischen ihnen und den „Fälschern". Dieser fand schließlich im Jahr 1898 mit einer Regelung ein Ende, die es Herstellern und Händlern verbot, mit Ätzdekor versehene Erzeugnisse in irgendeiner Weise als „Damast" oder „Damaszenerstahl" zu bezeichnen. Dennoch gingen Nachfrage und produzierte Stückzahlen immer weiter zurück, und nur wenige Jahre später wurde die Produktion in den meisten Damast-Manufakturen eingestellt.

Im Orient ging zu dieser Zeit auch die Produktion von Schmelzdamast immer weiter zurück – vermutlich weil bestimmte Erzvorkommen in Indien (die wichtige Begleitelemente enthielten, siehe 1.3) versiegten. Etwa zeitgleich fanden in Russland Versuche statt, der Zusammensetzung des Wootz-Stahls auf den Grund zu gehen. Dem Metallurgen P. Anossow gelang es zusammen mit einigen Schmieden, ein ähnliches Material herzustellen, das er „Bulat" nannte. Allerdings konnte er nicht erklären, warum diese Materialien ihre charakteristischen Eigenschaften aufweisen.

2.5 Das 20. Jahrhundert

In der ersten Hälfte des 20. Jahrhunderts wurden vor allem in Solingen viele Blankwaffen aus Damast hergestellt, die zumeist von Würdenträgern aus Militär und Politik zu repräsentativen Zwecken getragen wurden. Als die Nachwehen des Zweiten Weltkrieges überwunden waren, begannen in den späten 1960er und frühen 1970er Jahren einige Schmiede damit, diese Technik wieder populär zu machen.

In den USA gelten Daryl Meier und Bill Moran als Urväter der modernen Damaszenerschmiede, in Deutschland sind es Manfred Sachse und Heinz Denig. Ausgehend von den Vereinigten Staaten etablierte sich zu dieser Zeit auch das Herstellen und Sammeln von „Custom Knives" (handgemachten, nach Kundenwunsch gefertigten Messern) immer mehr und bot den Damastschmieden ein Betätigungsfeld und einen Absatzmarkt.

Dieser Trend setzt sich bis heute ungebrochen fort und scheint auch an Popularität immer noch zu wachsen, so dass ein überwiegender Anteil des hergestellten Damasts zu Messerklingen verarbeitet wird. Parallel entstanden und entstehen auch Schmuckstücke und andere Objekte, die mengenmäßig betrachtet aber eher ein Schattendasein fristen.

Neue Impulse brachte 1983 ein in Deutschland von Friedrich Schneider und Richard Hehn entwickeltes Verfahren, das es erstmalig ermöglichte, auch rostträge, also chromhaltige Stahlsorten durch Feuerschweißen zu verbinden. 1993 wurde das pulvermetallurgische Verfahren für die Herstellung von Schweißverbundstahl entwickelt, was eine neue Variante dieses Verbundmaterials hervorbrachte (siehe 1.2).

Parallel versuchten Wissenschaftler, das Geheimnis von Wootz-Stahl zu enträtseln. Die russischen Forscher V. P. Borsunov und V. A. Tscherbakov veröffentlichten im Jahr 1993 eine Studie mit sehr präzisen Analysen historischer Wootz-Erzeugnisse, ohne jedoch die entscheidenden Entdeckungen zu machen.

Brieföffner aus dem frühen 20. Jahrhundert, unter anderem von P. Müller.

Foto: Deutsches Klingenmuseum Solingen, Lutz Hoffmeister

2.6 Das 21. Jahrhundert

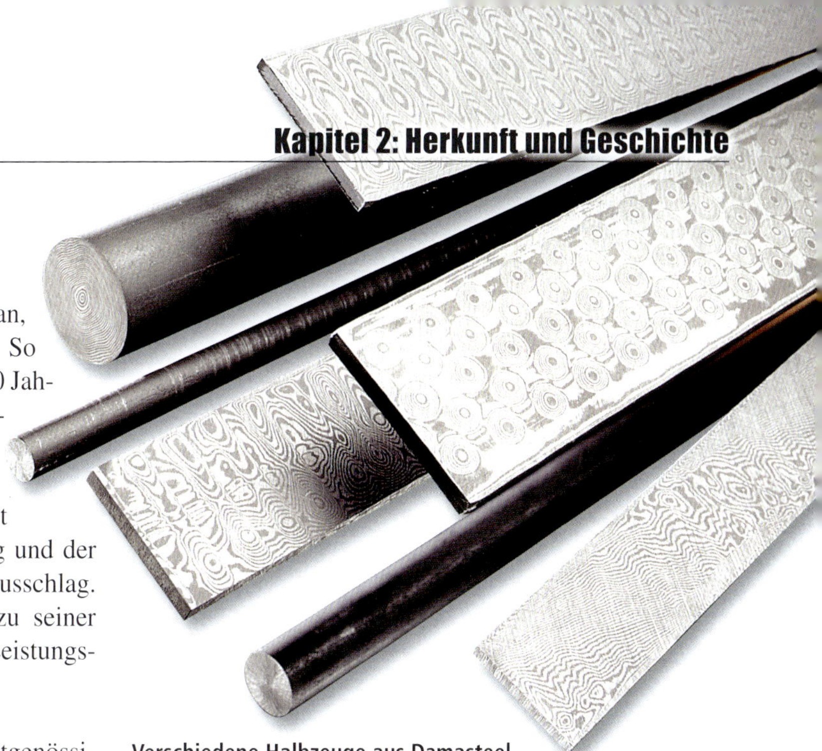

Die Popularität von Damaszenerstahl dauert an, besonders auf dem Gebiet der Custom Knives. So wächst die Zahl der Schmiede stetig: Was vor 50 Jahren noch eine fast vergessene Kunst war, ist heute populärer als je zuvor, vielleicht gerade weil es sich von der alltäglich gewordenen industriellen Massenfertigung absetzt. Auch aus Sicht des Sammlers gibt die ästhetische Erscheinung und der mit Damaszenerstahl verbundene Mythos den Ausschlag. Die technologischen Vorteile, die einstmals zu seiner Entwicklung führten, sind in Anbetracht der Leistungsfähigkeit moderner Monostähle geschwunden.

Verschiedene Halbzeuge aus Damasteel.

Foto: Damasteel AB

Angespornt durch historische Vorbilder und zeitgenössische Konkurrenzprodukte werden stetig neue Muster und Materialkombinationen erforscht. Eine Vielzahl von genormten Stahlsorten bietet den heutigen Damastschmieden eine größere Auswahl an hochwertigem Ausgangsmaterial, als es sich ihre historischen Kollegen hätten träumen lassen. Moderne Gerätschaften wie Maschinenhämmer oder Gas- und Elektroessen machen die früher notwendigen Zuschläger und andere Helfer überflüssig und ermöglichen es dem professionellen Schmied und dem Hobby Handwerker, dieser Beschäftigung allein nachzugehen.

Das Damast-Schmieden erfreut sich in den letzten Jahrzehnten einer stetig wachsender Popularität.

Auf dem Gebiet der Wootz-Forschung wurden in jüngster Zeit entscheidende Durchbrüche erzielt. So gelang es dem US-amerikanischen Metallurgen J. D. Verhoeven in Zusammenarbeit mit dem Schmied A. H. Pendray, Wootz-Stahl zu erzeugen und im Zuge dieses Prozesses Rückschlüsse auf die Entstehung seiner speziellen Struktur zu ziehen (siehe 1.3).

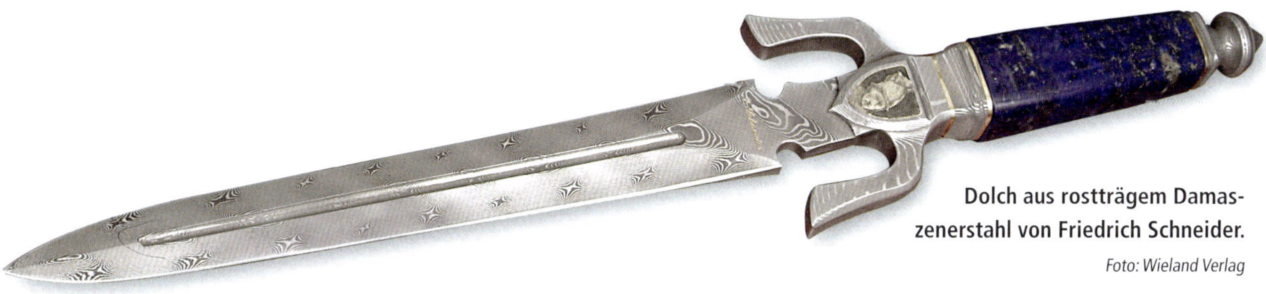

Dolch aus rostträgem Damaszenerstahl von Friedrich Schneider.

Foto: Wieland Verlag

Ästhetische Erscheinung

Die „Mischung" von verschiedenen Stählen bringt zunächst noch keine ästhetische Veränderung mit sich. Erst durch das unterschiedliche Korrosionsverhalten wird die Struktur sichtbar. Das zeigt sich bei Grabfunden in der Art, dass Schwertklingen zum Teil regelrechten „Skeletten" gleichen. Eine Stahlsorte ist dabei sehr tief angegriffen und zerfressen, während die andere deutlich weniger korrodiert ist und sich dadurch eine reliefartige Rippenstruktur bildet. Dieser über Jahrhunderte gewachsene Effekt lässt sich in kürzerer Zeit erreichen, indem das Objekt in ein Säurebad getaucht wird, wobei ebenfalls einer der Stähle schneller zersetzt wird als der andere.

Man kann über den historischen Stellenwert des ästhetischen Aussehens spekulieren, die unverwechselbaren Muster faszinierten die Menschen aber damals wie heute, wie verschiedene Sagen und Legenden belegen. Und spätestens als man begann, immer aufwändigere Muster in die Objekte zu integrieren, war die ästhetische Erscheinung als wichtige Komponente etabliert. Das steigerte sich bis zu einem Höhepunkt im 18. und 19. Jahrhundert, als schließlich ganz auf die charakteristische Werkstoffstruktur mit ihren technischen Vorteilen verzichtet und nur noch ein entsprechendes Ätzdekor auf einen Monostahl aufgebracht wurde, um die Musterung mit geringem Aufwand nachzuahmen (siehe 1.4.2).

Heute steht immer noch primär die ästhetische Erscheinung des Materials im Vordergrund. Im weitaus größten Anwendungsgebiet, den Messerklingen, gibt es eine Vielzahl von Monostählen, deren technische Eigenschaften denen von Damaszenerstahl gleichkommen. Dennoch sind Messer aus Damast (besonders im Hochpreissegment) aufgrund ihrer einmaligen Ästhetik sehr gefragt.

Im Folgenden werde ich verschiedene Parallelen und Assoziationen darstellen – zum einen als Anregung und Inspiration hinsichtlich der Musterbildung, aber auch, um andere Materialien mit ihren speziellen Eigenheiten und Bearbeitungsmöglichkeiten als Fundus für neue Denk- und Herangehensweisen zusammenzutragen.

3.1 Prinzipielle Parallelen

Das zugrundeliegende Prinzip der Damaszenerstahl-Muster ist die Sichtbarmachung der inhomogenen Materialstruktur. Die folgenden Beispiele basieren ebenfalls auf diesem Prinzip. Einige kommen direkt in der Natur vor, andere sind vom Menschen hergestellt.

3.1.1 Stein

Verschiedene Steinsorten sind durchzogen von Adern beziehungsweise Schichten anderer Farbe oder Zusammensetzung. Ein mehr oder weniger wahllos aus solchem Gestein geschnittenes Stück zeigt an seiner Oberfläche eine dem Damaszenerstahl ähnliche Maserung. Durch unterschiedliche Erosion der Bestandteile (weicher und harter Schichten) kann die anhand der Färbung erkennbare Struktur zusätzlich ein dreidimensionales Relief erhalten.

Einige Steinsorten werden seit Urzeiten aufgrund ihrer charakteristischen, natürlichen Maserung geschätzt. In diese Kategorie fallen Achat, Marmor, Malachit sowie bestimmte Jadesorten. Lagensteine mit starken Farbkontrasten (zum Beispiel Achat, arabischer Onyx, Karneol-Onyx) wurden schon vor rund 3000 Jahren zu Gemmen verarbeitet, indem man Stücke mit parallel zur Sichtfläche verlaufenden Schichten zuschnitt. Die Gravur erfolgte derart, dass der Hintergrund von einer Lage (zumeist der dunkleren) gebildet wird und sich das Motiv kräftig davon abhebt. Der Farbkontrast der Schichten wird ausgenutzt, um ein bestimmtes Motiv (oder Muster) hervorzuheben – hier zeigen sich Parallelen zu den Techniken der Oberflächenmanipulation im Damaszenerstahl (siehe 4.6).

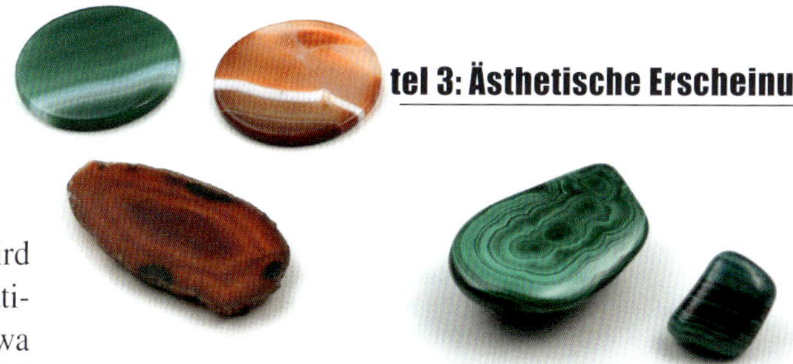

Viele Schmucksteine werden aufgrund ihrer Maserung geschätzt. Links: gefärbte Achate, rechts: Malachit.

3.1.2 Holz

Die stets einzigartige, organische Textur von Holz wird seit Urzeiten vom Menschen geschätzt und zu dekorativen Zwecken eingesetzt. Es existieren weltweit etwa 25.000 bis 30.000 Holzarten, von denen ungefähr 3000 bis 5000 theoretisch gewerblich nutzbar und rund 200 bis 250 im Handel erhältlich sind. Das Spektrum von Farben, Texturen und technischen Eigenschaften ist fast unüberschaubar.

Ausgeprägte Lagenstruktur bei Achat.

Eine große Zahl von Holzarten zeichnet sich durch eine mehr oder weniger deutliche Maserung aus. Im Verlauf des jährlichen Wachstumszyklus bildet der Baum abwechselnd Frühholz (Frühjahr/Sommer) und Spätholz (Herbst/Winter). Die Zellen des Spätholzes sind im Vergleich engräumiger und dickwandiger, weshalb die Spätholz-Ringe zumeist schmaler und „dichter“ sind als die des Frühholzes. Bei den meisten Holzarten sind die Spätholz-Zonen von dunklerer Färbung. Die Jahrringe bestehen jeweils aus einer Früh- und einer Spätholzzone und sind im Stamm konzentrisch angeordnet.

Bei diesem gestreiften Jaspis zeichnen sich die Schichten durch die unterschiedliche Farbe ab.

Durch verschiedene Arten, den Stamm anzuschneiden (Radial-, Tangential- oder Hirnschnitt) zeichnet die Struktur sehr unterschiedliche Muster an der Oberfläche. Hier finden sich hinsichtlich der Orientierung einer Struktur relativ zur Ansichtsfläche einige Anregungen. Die unterschiedlichen Eigenschaften des Werkstoffs quer oder längs zur Faserrichtung, die sich beim Holz hinsichtlich mechanischer Belastbarkeit und Schwundverhalten äußert, spielt beim Damaszenerstahl eine untergeordnete Rolle, sofern die Schweißungen einwandfrei sind.

Während das Wachstum der Jahrringe beim Holz die strukturbildende Technik (siehe Abschnitt 4) darstellt, können Wuchsfehler des Holzes mit den strukturbeeinflussenden Techniken verglichen werden. Verschiedene Einflüsse (zum Beispiel Verletzungen, Hindernisse, Umweltbedingungen) sorgen für Störungen oder Verformungen der Struktur, wodurch sich beim Anschneiden interessante Musterungen an der Oberfläche zeigen.

Ein Beispiel für unterschiedliche Härte der einzelnen Gesteinsschichten: Eine Sorte wurde ausgewaschen. Punakaiki („Pancake Rocks“), Neuseeland.

Die ästhetischen Parallelen haben auch zur Entstehung der Bezeichnung „Mo-

Unterschiedliche Möglichkeiten, einen Baumstamm anzuschneiden: Radialschnitt, ...

... Tangentialschnitt ...

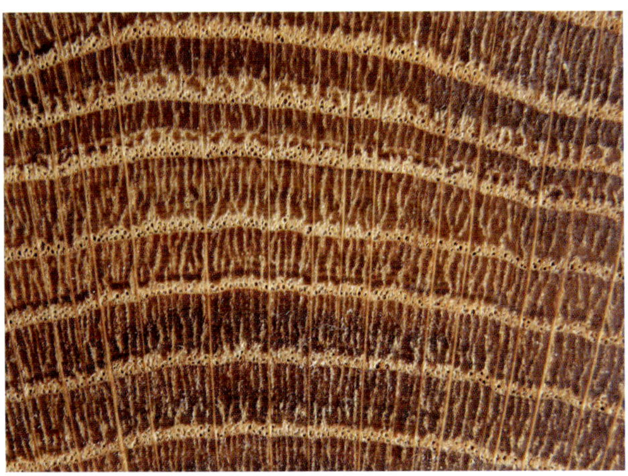

... und Hirnschnitt.

Meteoriteneisen als Griffeinlage bei einem Messer von Des Horn.

Foto: Wieland Verlag

Millefiori-Perlen sind Abschnitte eines Mosaikstabs aus unterschiedlich gefärbten Gläsern.

Der schichtartige Aufbau einer Muschelschale ist besonders bei den angeschnittenen Stücken gut erkennbar.

kume Gane“ geführt (siehe 1.4.4). Der japanische Begriff bedeutet wörtlich übersetzt „holzgemasertes Metall“.

3.1.3 Metall

Auf natürlichem Weg bilden sich in Metallen nur unter speziellen Umständen grobe, inhomogene Strukturen heraus. Ein Beispiel sind die sogenannten Widmannstätten-Figuren (benannt nach ihrem Entdecker, dem österreichischen Chemiker Alois von Beckh-Widmannstätten) in bestimmten Arten von Meteoriten-Eisen. Das spezielle Gefüge von groben Lamellen unterschiedlichen Nickelgehalts bildet sich durch die extrem langsame Abkühlung des Materials im Weltall.

3.1.4 Glas

Dieser amorphe Werkstoff bietet aufgrund seiner Transparenz oder Transluzenz die zusätzliche Möglichkeit, seine interne Struktur zu betrachten, nicht nur deren Abbild an der Oberfläche. Durch Verschmelzen von Gläsern mit unterschiedlicher Färbung und/oder Transparenz wird eine Struktur gebildet und kann anschließend durch Verformung beeinflusst werden. Einige Ausprägungen der Glaskunst machen sich dieses Prinzip zunutze. Dazu gehört die Millefiori-Technik, bei der Abschnitte eines Mosaikstabes aus farbigen Gläsern zu Perlen verarbeitet oder zwecks Bildung flächiger Teile in farbloses Glas eingeschmolzen werden. Auch die Fadenglas- und Netzglas-Techniken, bei denen farbige Glasstränge in bestimmten Mustern in farbloses Glas eingeschmolzen und dann durch Verformung verzerrt werden, weisen Parallelen zum Damaszenerstahl auf, in diesem Fall zum Matrix-Mosaik (siehe 4.2.3).

3.1.5 Tierische Produkte

Auch einige Produkte der Tierwelt weisen eine Struktur auf, die dem Damaszenerstahl ähnelt. So folgen zum Beispiel der Schichtaufbau von Muschelschalen und manche Sorten von Gehörn und Geweih dem gleichen Prinzip. Unterschiede in Farbe und Textur der einzelnen Bereiche können je nach „Anschnitt“ sehr unterschiedliche Muster hervorbringen.

3.1.6 Lebensmittel

Eine auffällig große Zahl von Lebensmitteln erhält durch die Sichtbarmachung ihrer Struktur ein besondere ästhetische Qualität. Einige dieser Strukturen entstehen in der Natur (zum Beispiel Kiwi, durchwachsenes Fleisch), andere werden vom Menschen erzeugt (zum Beispiel Schichtkuchen, Sushi). Da fast alle Lebensmittel vor dem Verzehr zerteilt werden, wird die Struktur an den Schnittflächen freigelegt und teilweise bewusst aus ästhetischen Gründen hervorgehoben („Das Auge isst mit“). Neben Unterschieden der Textur ist hier auch die Farbigkeit der einzelnen Komponenten ein wichtiges Element.

Da eine ausführliche Darstellung des breiten Spektrums den Rahmen dieses Abschnittes sprengen würde, hier eine Liste mit weiteren Beispielen, die sich jeder vorstellen kann:

- Banane
- Melone
- Lauch
- Marmorkuchen
- Zuckerstange
- Crêpe-Röllchen
- Rindfleisch in Aspik
- Schicht-Cocktail
- Schweizer Käse
- Zitrusfrucht
- Granatapfel
- „Fürst-Pückler“-Eis
- Lakritzkonfekt
- Praline
- „Gesicht-Wurst“
- Pastete
- Café au lait
- gekochtes Ei

Wie dieser Speck haben viele Nahrungsmittel schon von Natur aus eine auffällige Struktur.

Das Anschneiden einer Sushi-Rolle legt deren Inneres frei. Bei vielen Speisen wird dieser Effekt zur Dekoration eingesetzt.

Die Muster von Lagendamast erinnern an Wellenmuster im Sand, wie sie sich in der Wüste oder am Strand finden.

Manche Damast-Muster wecken auch Assoziationen zu Lichtreflexen im oder auf dem Wasser.

Bei handgeschmiedetem Damast ist jedes Stück so einzigartig wie ein Fingerabdruck.

3.2 Visuelle Parallelen / Assoziationen

Neben den Parallelen, die tatsächlich auf dem gleichen Prinzip beruhen, gibt es noch solche, die eine visuelle Ähnlichkeit mit den Musterungen von Damaszenerstahl aufweisen. Die meisten Muster sind abstrakt, wecken aber dennoch verschiedene Assoziationen, was sicherlich auch einer der Gründe für den Mythos Damaszenerstahl ist.

Schon in den frühesten Erwähnungen des Materials sind blumige Umschreibungen und Allegorien der Musterung zu finden, ein Anzeichen dafür, dass die charakteristische ästhetische Erscheinung stets die Fantasie der Menschen beflügelt hat. So schreibt beispielsweise der Ostgotenkönig Theoderich in einem auf etwa 520 n. Chr. datierten Brief an seinen Schwager, den Vandalenkönig Thrasamund, über Schwerter: Sie seien wegen des Eisens, aus dem sie gemacht sind, kostbarer als das darin eingelegte Gold. Er vergleicht das Muster in der Blutrinne mit „sich dahinschlängelndem Gewürm".

In dem um das 8. Jahrhundert entstandenen angelsächsischen Heldenepos „Beowulf" ist die Rede von einem „Hartschwert [...] mit gewundener Wurmzier". Ein weiteres in der altnordischen Heldendichtung vielgenanntes Schwert, der „Ekkisax", wird in der um 1250 aufgezeichneten „Edda" noch beschrieben als „der Schilde Verderben, beschlagen mit Gold / die Schneide birgt einen blutigen Wurm / aber am Stichblatt wirft die Natter den Schweif."

Diese Beispiele aus dem europäischen Kulturkreis beziehen sich auf einen über mehrere Jahrhunderte weit verbreiteten Klingenaufbau, die sogenannten „wurmbunten" Klingen (siehe 4.9.2). In Quellen aus dem orientalischen Raum werden andere Vergleiche verwendet. Die älteste schriftliche Erwähnung von Wootz-Stahl findet sich um etwa 540 n. Chr. in einem Text des arabischen Dichters Imru'ulqais, der die Oberflächenstruktur einer Klinge mit den Spuren einer vorrückenden Armee von Ameisen vergleicht. In einem weitaus jüngeren Bericht über dieses Material, einem russischen Aufsatz von 1814, in dem über die Arbeit von P. Anossow berichtet wird, heißt es:

„Verträgt der Tiegel noch mehr Hitze, so erhält man ein netzartiges Moiré, welches nach und nach kräftiger wird und zuweilen ins Bandförmige übergeht."

Eine der ursprünglichsten Musterbildungen von Schweißverbunddamast, der wilde Damaszenerstahl (siehe 4.6), erinnert aufgrund ihrer organischen Anmutung an Wellen auf einer Wasseroberfläche, was auch der Grund für die Entstehung des englischen Begriffs „watered steel" ist.

3.3 Gestaltungsmöglichkeiten

Die Vielzahl der Einflussfaktoren auf die schlussendliche ästhetische Erscheinung eines Damastobjekts erscheint zunächst unüberschaubar. Im Folgenden werde ich darstellen, wie die wichtigsten Aspekte zu beeinflussen sind und welche Wirkungen sich daraus ergeben.

3.3.1 Farbe und Kontrast

Bei Damaszenerstahl von Farbe zu sprechen, mag zunächst seltsam erscheinen, da es sich um ein Material handelt, das eigentlich unfarbig ist. Es weist verschiedene Grauwerte auf, die sich zusätzlich im Grad des Glanzes unterscheiden. Das Spektrum reicht von mattem, tiefem Schwarz bis zu hellen, silbrig glänzenden Tönen. Durch den Kontrast unterschiedlicher Töne aus diesem Spektrum wird das Muster des Damaszenerstahls sichtbar. Je nach gestalterischer Absicht kann dieser Kontrast augenfällig oder dezent sein.

Aufgrund der Reflexion des blanken Metalls spielt der Lichteinfall eine entscheidende Rolle, so dass ein Damast-Objekt bei unterschiedlicher Beleuchtung ganz verschieden wirken kann. Damit einher geht auch die Tatsache, dass die hellen Partien optisch grundsätzlich dominanter wirken als die dunklen. Das sollte zum Beispiel bei der Auswahl von Lagenstärken eines Laminats beachtet werden.

Die Tönung von Damaszenerstahl und der Kontrast der Bestandteile kann durch die Wahl der Materialien beeinflusst und durch Art und Dauer der Säurebehandlung verfeinert werden. Die erste maßgebliche Entscheidung wird also ganz zu Beginn des Fertigungsprozesses getroffen, die andere ganz am Ende. Die einzelnen Möglichkeiten werden im Praxisteil dieses Buches detailliert dargestellt.

Durch die Politur der fertig geätzten Klinge wird der Helligkeitskontrast wieder entfernt. Nur eine leichte Reliefstruktur bleibt erhalten. Dolch von Massimo Bernabei.

Foto: Wieland Verlag

Die Kombination entsprechender Materialien und Ätztechniken kann auch ein sehr starker Kontrast erzielt werden. Messer von Johannes Ebner.

Foto: Wieland Verlag

Thermisches Färben ermöglicht das Erzeugen eines breiten Farbspektrums auf der Damast-Oberfläche. Bowie-Messer von Daniel Schärmeli.

Foto: Wieland Verlag

Die „Farbigkeit" von Damaszenerstahl ist also insgesamt sehr dezent. Mit den verschiedenen Grautönen und möglicherweise starken Helligkeitskontrasten tritt der Aspekt Farbe bei diesem Material weitgehend in den Hintergrund und lenkt somit den Blick des Betrachters auf die Feinheiten des Musters.

Eine Ausnahme bildet die Möglichkeit, die Damast-Oberfläche mit Hilfe verschiedener thermischer Verfahren wirklich farbig zu gestalten. Dabei wird das Material einer langen Wärmebehandlung unterzogen, bei der sich an der Oberfläche eine Oxidschicht bildet. Die Dicke dieser Schicht liegt im Bereich der Wellenlängen des sichtbaren Lichts. Durch die Interferenz (Überlagerung und gegenseitige Auslöschung) bestimmter Wellenlängen erscheint die Oberfläche farbig. Da dieser Effekt beim Anlassen eines Werkstücks (nach dem Härten und Abschrecken) eintritt, spricht man hier von Anlassfarben.

Der gleiche Effekt kann auch bei Öl auf einer Wasseroberfläche und bei anodisiertem Titan beobachtet werden. Da bei den unterschiedlichen Legierungen die Oxidschicht verschieden schnell anwächst, können so beim Damaszenerstahl starke Farbkontraste erzeugt werden. Die Oxidschicht ist aber gegenüber mechanischen Belastungen nicht sehr widerstandsfähig und kann leicht verkratzen.

3.3.2 Textur

Durch eine längere Säurebehandlung kann auf der Oberfläche von Damaszenerstahl zusätzlich zur unterschiedlichen Färbung der Stahlsorten auch eine reliefartige Textur erzeugt werden. Diese ist in erster Line haptisch wahrnehmbar – man spürt zum Beispiel bei einem Lagendamast die einzelnen Schichten wie Höhenlinien oder kleine Stufen, wenn man mit dem Finger darüber fährt. Durch bestimmte Ätzverfahren mit mehrmaligem

Mit längerer Säurebehandlung kann auch ein sehr tiefes Relief erzeugt werden.

Diese Messerklinge ist aus einem vorgefertigten Flachmaterial ausgeschnitten. Das Muster hat keinen Bezug zur Kontur.

Foto: Damasteel AB

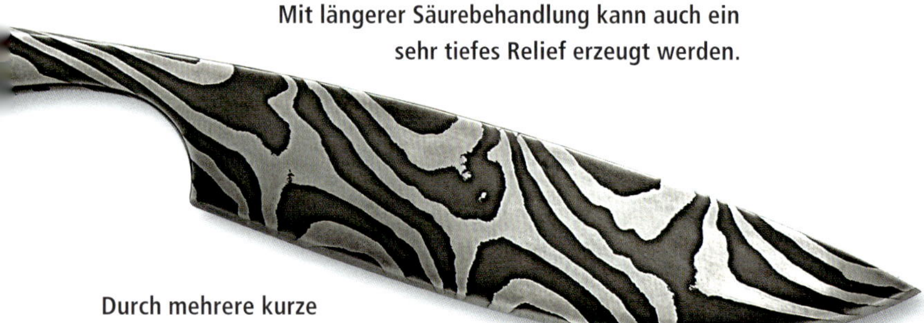

Durch mehrere kurze Säurebäder und Zwischenschliff mit sehr feinen Körnungen erhalten die blanken (hochliegenden) Stellen eine Art Schattenwurf.

Bei diesem Axtkopf kann man deutlich erkennen, wie die Kräfte beim Schmieden gewirkt und die Struktur verformt haben.

Foto: Damasteel AB

Zwischenschleifen kann dieser Effekt zusätzlich visuell hervorgehoben werden. Durch den unterschiedlichen Abtrag der hoch- und tiefliegenden Partien entsteht ein subtiler Verlauf von dunkel und matt zu hell und glänzend, der wie ein Schattenwurf wirkt und die Plastizität des Reliefs betont.

3.3.3 Form und Muster

Um einem Damast-Objekt seine endgültige Form zu geben, bestehen zwei grundsätzliche Möglichkeiten: mit materialabtragenden Techniken (Trennen, Fräsen, Schleifen etc.) oder durch plastische Verformung (Schmieden, Biegen, Pressen etc.). Bei der ersteren Methode wird also die interne Struktur des Materials nicht verändert, sondern Material partiell entfernt, was den Blick auf ein anderes Stück Oberfläche ermöglicht. Die plastische Verformung hingegen wirkt sich auch auf die interne Struktur aus, die zusammen mit dem Gesamtobjekt verändert wird.

Durch die vielfältigen Verzierungen tritt das Damast-Muster in den Hintergrund. Messer von Otokar Pok.

Foto: Wieland Verlag

Hier konzentriert sich die Aufmerksamkeit des Betrachters auf Muster und Form. Der Holzgriff akzentuiert den Damast, ohne von seinen Feinheiten abzulenken. Messer von Jean-José Tritz.

Foto: Wieland Verlag

Da sich das oberflächliche Muster des Damaszenerstahls von seiner inneren Struktur ableitet, können auch beide Techniken dazu verwendet werden, vor der eigentlichen Formgebung des Objekts das Muster zu beeinflussen. Viele Mustertechniken basieren auf einer oder beiden dieser Methoden. Die Technik der Oberflächenmanipulation (siehe 4.6) ist ein gutes Beispiel für die Kombination beider Verfahren.

Wird die Kontur des Werkstücks mit materialabtragenden Techniken aus einem vorstrukturierten Flachmaterial gearbeitet, endet das Muster ohne jeden Bezug zur Form an deren Rändern. Wird die Kontur weitgehend vorgeschmiedet, folgt auch das Muster dem Formverlauf. Es vermittelt einen Eindruck von den Kräften, die beim Schmieden eingewirkt haben, indem es die Verformung des Materials verdeutlicht. Diese Methode verleiht dem Objekt zumeist eine kraftvollere Anmutung.

3.3.4 Kombination mit anderen Materialien und Techniken

Damaszenerstahl ist ein sehr auffälliges und detailreiches Material. Daher steht er auch bei den meisten Anwendungen im Mittelpunkt des Interesses. Um diesen Effekt nicht zu schmälern, sollte der Einsatz anderer Materialien und Ziertechniken sehr behutsam erfolgen. Die ästhetische Wirkung des Damaszenerstahls kann durch die gezielte Kombination mit schlichten Materialien gesteigert werden. Zudem können farbige Akzente als Kontrast zur ursprünglichen Unfarbigkeit des Materials gesetzt werden.

Auffällig gemusterte Materialien und detailreiche Ziertechniken wie zum Beispiel Gravuren stehen meistens in Konkurrenz mit der Musterung des Damaszenerstahls. Somit schmälern beide Elemente gegenseitig ihre Wirkung, da das Objekt leicht überladen wirkt und die Aufmerksamkeit des Betrachters geteilt wird. Der Einsatz solcher Materialien und Techniken sollte wohl überlegt sein. Es ist sehr schwierig, hier wirklich stimmige Kombinationen mit Damaszenerstahl zu finden.

Muster im Damaszenerstahl

Die charakteristischen Muster des Schweißverbunddamasts entstehen durch die Sichtbarmachung der inhomogenen Materialstruktur, die sich an der Werkstoffoberfläche abbildet. Durch eine Säurebehandlung des blank geschliffenen Werkstücks zeichnen sich die einzelnen Bestandteile des Materials unterschiedlich ab. Die Stärke des Kontrasts lässt sich über die Wahl der Ausgangsmaterialien sowie die Art der Oberflächenbehandlung (Feinheit / Art der Politur, Ätzdauer / Ätzmedium etc.) steuern.

Die Anordnung der unterschiedlichen Materialien in einem Werkstück und somit die Gestalt des Musters an dessen Oberfläche wird durch eine Vielzahl von Faktoren beeinflusst (siehe Übersicht rechts).

Die Legierungszusammensetzung und Form der Halbzeuge, aus denen das Paket ursprünglich zusammengefügt wird, sowie deren Anordnung sind die ersten Entscheidungen, die getroffen werden müssen. Sind die Ausgangsmaterialien zu einem Paket zusammengelegt, wird dieses durch Feuerschweißen verbunden. Abhängig von der Geometrie der Ausgangsmaterialien unterscheidet man zwei dieser grundlegenden, strukturbildenden Techniken: Laminat (ausschließlich Flachmaterialien) sowie Mosaik (alle anderen Halbzeugkombinationen, eventuell auch mit Flachmaterialien). Auf diese Weise wird, wie der Name schon sagt, die ursprüngliche, inhomogene Werkstoffstruktur in einer weitgehend definierten Anordnung erzeugt.

Das entstandene Werkstück kann nun mit verschiedenen strukturbeeinflussenden Techniken weiterbearbeitet werden. So kann beispielsweise die Lagenzahl eines Laminats durch Teilen und erneutes Verschweißen erhöht (Vervielfältigung) oder das Werkstück in sich verwunden werden (Torsion). Auch die Orientierung der Struktur relativ zur Sichtfläche des fertigen Objekts ist für die Musterbildung ausschlaggebend.

Schließlich können mehrere solcher unabhängig erzeugten und/oder bearbeiteten Werkstücke kombiniert werden, womit sich der Kreis wieder zu den strukturbildenden Techniken schließt.

Wie hier deutlich wird, existiert im Verlauf der Fertigung eines Damaszenerstahl-Objekts eine schier unbegrenzte Zahl von Einflussfaktoren, die letztendlich alle mehr oder weniger deutliche Auswirkungen auf das daraus resultierende Muster haben. Art und Abfolge der Techniken bilden nur das Grundgerüst. Jede einzelne Technik kann noch durch die Art ihrer Ausführung variiert werden (wird ein Stab beim Tordieren mit oder gegen den Uhrzeigersinn gedreht? Oder alternierend? Wie eng sollen die Windungen sein? Wird gleichmäßig oder nur partiell tordiert?).

Um in der Praxis nicht den Überblick zu verlieren, ist es hilfreich, sich einen Plan der Arbeitsabfolge zurechtzulegen und Erfahrungswerte zu sammeln, auf die man zurückgreifen kann. Eine gängige Methode zur Simulation komplizierter Musterbildungen ist die Verwendung von verschiedenfarbigen Knetmassen.

Da sich durch die Kombination der ohnehin schon sehr vielfältigen Möglichkeiten beliebig komplexe Muster erzeugen lassen, ist eine präzise Einteilung in bestimmte Kategorien praktisch nicht möglich. Aus diesem Grund möchte ich Beispiele zeigen, die die charakteristischen Auswirkungen einer bestimmten Bearbeitung auf das Muster verdeutlichen. Da einige der gezeigten Techniken erst in Kombination mit anderen zu interessanten Mustern führen, ist es nicht immer möglich, Demonstrationsobjekte des beschriebenen Verfahrens „in Reinform“ darzustellen.

Einflussfaktoren für Damastmuster

Ausgangsmaterial

Materialzusammensetzung:
Kohlenstoffgehalt
Mangangehalt
Nickelgehalt

Halbzeuggeometrie:
Blech
Flachprofil
Quadratprofil
Rundprofil
Draht
Kugel
Rohr
Gewebe / Geflecht
Pulver
Granulat
Formstück
speziell (zum Beispiel Sägekette, Drahtseil)

Werktechniken

Verformend:
Schmieden
Querschnittsverformung
Tordieren
Verbiegen
Prägen / Stempeln
Walzen
Pressen

Materialabtragend:
Trennen
Feilen
Schleifen
Fräsen
Bohren
Drehen

Oberflächenbehandlung:
Schleifen
Polieren
Ätzen
Brünieren
Galvanisieren

Strukturbildende und -beeinflussende Techniken

Strukturbildende Techniken

Laminat
Mosaik

Strukturbeeinflussende Techniken

Orientierung
Vervielfältigung
Torsion
Oberflächenmanipulation
Deformation
Entfaltung

Kombinationstechniken

Deckschicht
Multibarren
Intarsien

4.1 Laminat

Die ursprünglichste und lange Zeit exklusiv angewandte strukturbildende Technik ist das Laminat. Dabei werden Flachmaterialien geschichtet und zu einem Paket verbunden. Der einfachste Aufbau besteht aus abwechselnden Schichten zweier Eisenwerkstoffe, die alle die gleiche Materialstärke aufweisen.

Variationsmöglichkeiten bietet die Stärke der Lagen relativ zueinander. So können zum Beispiel dicke „dunkle" Lagen mit dünnen Schichten eines „hellen" Werkstoffs kombiniert werden, um ein Muster von feinen, hellen „Adern" auf dunklen Untergrund zu erzeugen. Sofern mehr als zwei verschiedene Werkstoffe verwendet werden, kann auch deren Abfolge variiert werden.

Laminat besteht aus Lagen von Flachmaterial. Durch einen schrägen Anschliff zeichnen sich die Lagen als „Höhenlinien" ab.

Bei diesem Messer von Manfred Rieger ist die grobe Lagenstruktur sehr deutlich. Damast von Friedrich Schneider.

Foto: Wieland Verlag

Wird das Lagenmuster durch die Hammerschläge verformt, entsteht sogenannter Wilder Damast. Dolch von Sandor Berenyi.

Foto: Jozsef Fazekas jr.

4.2 Mosaik

Als Mosaik bezeichnet man alle Anordnungen von Halbzeugen außer dem reinen Lagenaufbau (Laminat). Eine Vielzahl von möglichen Halbzeug-Geometrien kann hier Verwendung finden. Eine klassische Methode ist die Verwendung von Stäben mit quadratischem Querschnitt, aber der Phantasie sind keine Grenzen gesetzt. So kann ein Mosaik beispielsweise auch aus Drähten, Rohren, Kugeln, Pulver, Gewebe/Geflecht, verschiedenen prismatischen Halbzeugen oder sogar eigens angefertigten Formteilen zusammengesetzt werden. Neben dem Bitmap-Mosaik werde ich noch folgende Varianten näher vorstellen: Spirograph-, Matrix-, Puzzle- und Fertigteil-Mosaik.

Bei vielen Mosaiktechniken zeigt sich das Muster nach dem Verschweißen zunächst nur an den Stirnflächen des Stabes. Solche Aufbauten bezeichnet man als „Gestirnten Damast". Um dieses Muster auf der Längsfläche (die zum Beispiel bei einer Messerklinge die Ansichtsfläche bildet) sichtbar zu machen, sind weitere Arbeitsschritte nötig, beispielsweise Torsion (siehe 4.5) oder Entfaltung (4.8).

4.2.1 Bitmap-Mosaik

Eine sehr grundlegende Methode ist der Aufbau eines Pakets aus quadratischen Stäben. Durch die entsprechende Positionierung der Materialien kann beispielsweise ein Schachbrett-Muster, ein simples Piktogramm oder sogar eine Inschrift erzeugt werden. Es gelten dabei die gleichen Regeln wie bei einer Bitmap-Grafik: Sie ist aus einem Raster von quadratischen „Bildpunkten" aufgebaut, die entweder schwarz oder weiß (beziehungsweise in diesem Fall metallisch glänzend) sein können. Zur Akzentuierung werden die Quadratstäbe oft mit Flachmaterialien oder Laminatpaketen eingerahmt oder unterteilt.

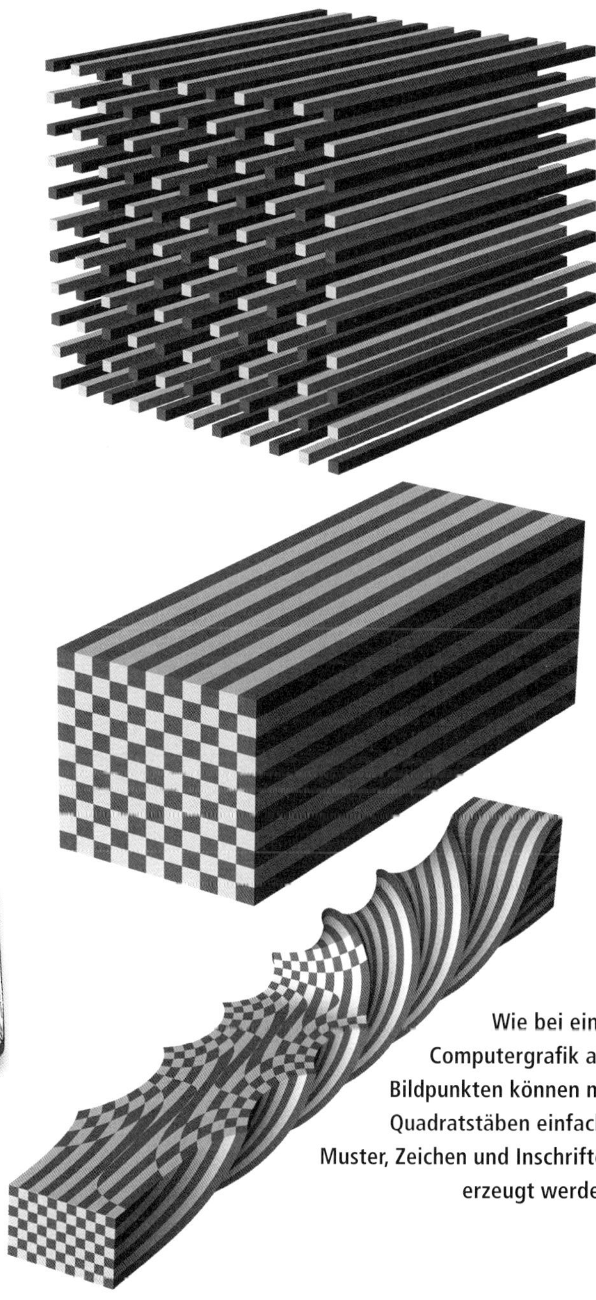

Wie bei einer Computergrafik aus Bildpunkten können mit Quadratstäben einfache Muster, Zeichen und Inschriften erzeugt werden.

Inschriften-Damast von Mick Maxen. Durch Torsion wurden die Buchstaben an der Längsseite des Stabs sichtbar gemacht.

Foto: Mick Maxen

4.2.2 Spirograph-Mosaik

Diese Variante hat ähnlich dem Bitmap-Mosaik einen rein orthogonalen Aufbau. Dabei werden quadratische Stäbe verwendet, die alle aus dem gleichen Stahl bestehen, und dann mit dünneren Blechen eines anderen Materials unterteilt. Diese hellen Streifen sind also angeordnet wie die Linien von Rechenpapier.

Oft wird dieses Mosaik noch mit Techniken der Oberflächenmanipulation (siehe 4.6) strukturiert. Es bilden sich filigrane Muster von parallelen und sich kreuzenden Linien, die in manchen Fällen aussehen wie die Zeichnungen eines Spirographen.

Messer von Andrè Thorburn mit Klinge aus oberflächlich verformtem Spirograph-Damast von Ettore Gianferrari.

Foto: Wieland Verlag

Die Klinge dieses Messers von George Baartman besteht aus mehreren Bahnen von tordiertem Spirograph-Damast.

Foto: Wieland Verlag

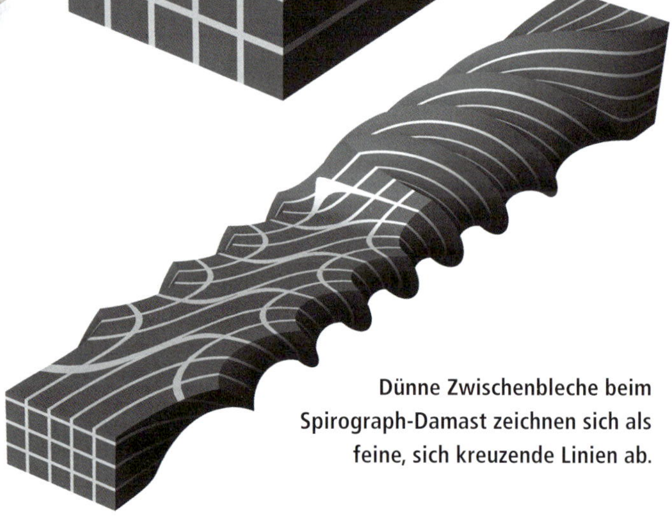

Dünne Zwischenbleche beim Spirograph-Damast zeichnen sich als feine, sich kreuzende Linien ab.

4.2.3 Matrix-Mosaik

Bei dieser Art der Strukturbildung werden Drähte oder andere Teile in eine Matrix aus Flachmaterialien eingebettet und so verschweißt. Dabei bestehen die durchgehenden Schichten zumeist alle aus dem gleichen Material, während die Bestandteile der unvollständigen Lagen eine oder mehrere andere Werkstoffzusammensetzungen haben. Je nach Anordnung und Form der eingebetteten Teile sowie der Lagenorientierung relativ zur Sichtfläche können sich sehr unterschiedliche Muster ergeben.

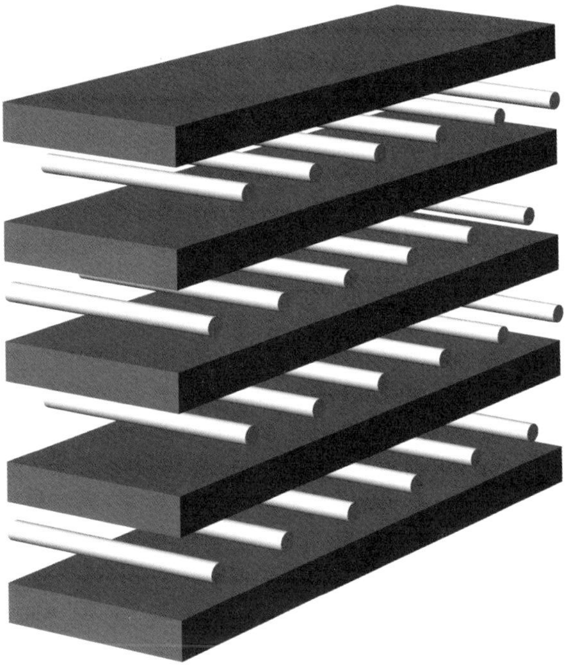

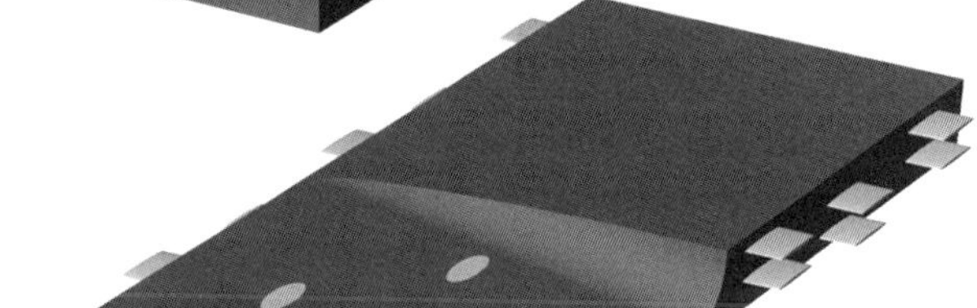

Beim Matrix-Mosaik werden Drähte oder andere Kleinteile zwischen durchgehenden Lagen eingebettet.

Schale aus Matrix-Mosaik von Gunther Löbach.

4.2.4 Puzzle-Mosaik

Die klassische Methode zur Erzeugung von Ornamenten, Bildern und Inschriften kann mit Hilfe moderner, computergesteuerter Fertigungsverfahren erheblich verfeinert werden. Laser- und Wasserstrahlschneiden, besonders aber Funkenerosions-Schneiden (EDM = Electric Discharge Machining) erlauben die Herstellung von Profilen mit jeder nur erdenklichen Querschnittskontur. Zudem ist es möglich, dabei Positiv und Negativ aus unterschiedlichen Materialien zu fertigen und diese wie Puzzleteile zusammengefügt zu verschweißen. Eine weitere Methode ist die Verwendung eines soliden Positivs, während die Leerräume (in einem umgebenden Blechkasten) mit Pulver oder Granulat aufgefüllt werden.

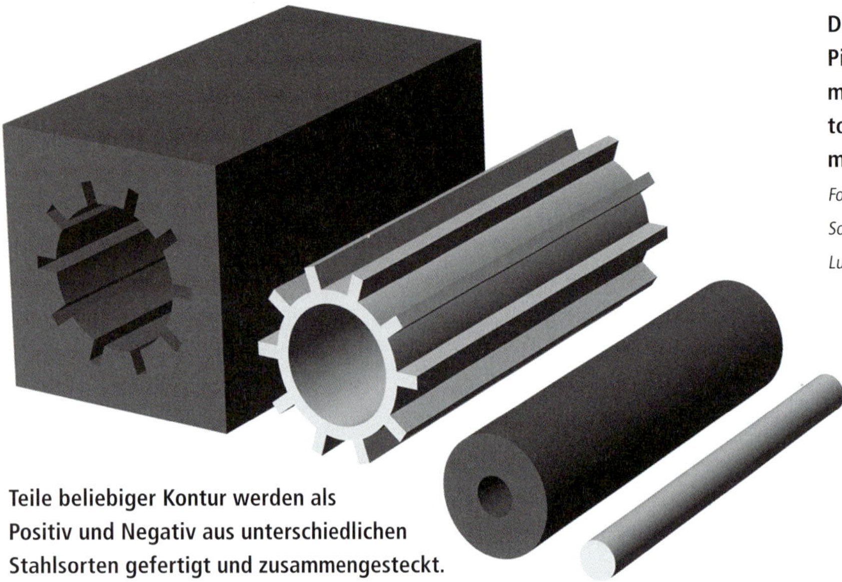

Teile beliebiger Kontur werden als Positiv und Negativ aus unterschiedlichen Stahlsorten gefertigt und zusammengesteckt.

Die Klinge dieses Messers von Pierre Reverdy besteht aus mehreren Bahnen eines tordierten Puzzle-Mosaiks mit Rosenmotiv.

Foto: Deutsches Klingenmuseum Solingen, Lutz Hoffmeister

Mit der Technik des Puzzle-Mosaiks können beliebige „Bilder" angefertigt werden. Messer von Pavel Sevecek.

Foto: Wieland Verlag

4.2.5 Fertigteil-Mosaik

Hier werden Fertigteile, die sich aus einzelnen Stahlkomponenten zusammensetzen, zu einem soliden Block verbunden. Eine häufige Variante dieses Musters wird aus den Ketten von Motorsägen hergestellt, aber auch Motorrad- und Fahrradketten sind geeignet. Die unterschiedlichen Bestandteile der Sägekette (Kettenglieder / Niete / gegebenenfalls Schneidzähne) bestehen entsprechend ihren Anforderungen aus unterschiedlichen Stählen. Die Kette wird zusammengelegt, erwärmt, wie ein Schwamm verdichtet, bis ein möglichst porenfreies Paket entsteht, und schließlich feuerverschweißt. Je nach Arbeitsweise kann das Muster der Kettenglieder fast vollständig erhalten bleiben oder durch Ausrecken und Falten gestreckt und verfremdet werden. Auch die Art und Weise, in der die Kette zusammengelegt wird, hat großen Einfluss auf das entstehende Muster. Drahtseile können ebenfalls zu einem kompakten Stab verschweißt werden. Das entstehende Muster besteht aus charakteristischen Flecken – im Prinzip handelt es sich bei dem Drahtseil um einen tordierten Mosaikstab mit sehr weiter Steigung. Obwohl die einzelnen Drähte des Seils alle aus dem gleichen Stahl bestehen, zeichnen die Grenzflächen ein filigranes Muster. Ein starker Kontrast kann allerdings nicht erzielt werden.

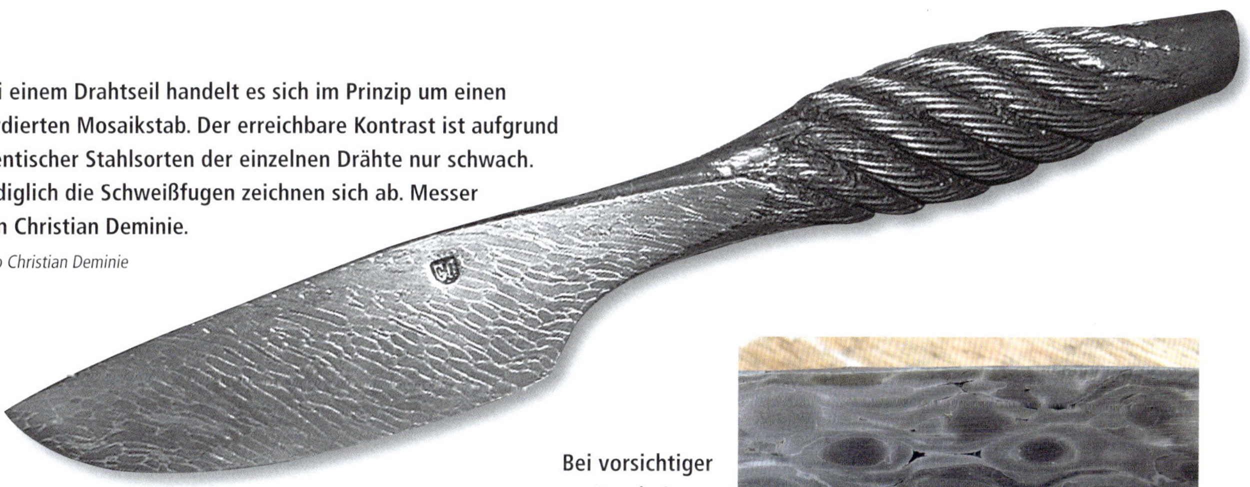

Bei einem Drahtseil handelt es sich im Prinzip um einen tordierten Mosaikstab. Der erreichbare Kontrast ist aufgrund identischer Stahlsorten der einzelnen Drähte nur schwach. Lediglich die Schweißfugen zeichnen sich ab. Messer von Christian Deminie.

Foto Christian Deminie

Bei vorsichtiger Bearbeitung ist das Muster der Sägekette nach dem Verschweißen noch gut zu erkennen.

Ketten-Messer von Martin Steinhorst.

Foto: Martin Steinhorst

4.3 Orientierung

Die einfachste strukturbeeinflussende Technik ist die Orientierung relativ zur Sichtfläche des fertigen Objekts. Im Fall von Laminat spricht man je nach Anordnung im Werkstück entweder von „Lagendamast“ (Schichten parallel zur Sichtfläche) oder von „Streifendamast“ (Schichten senkrecht zur Sichtfläche). Bei Mosaik-Strukturen hängt es vom Aufbau ab, ob und wie sich die Orientierung auf das entstehende Muster auswirkt.

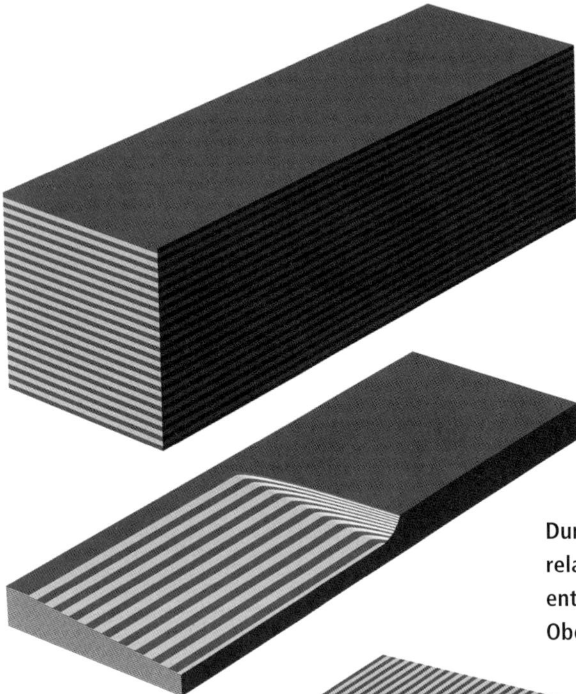

Durch die Orientierung einer Struktur relativ zur Ansichtsfläche kann das entstehende Muster beeinflusst werden. Oben: Lagendamast, unten: Streifendamast.

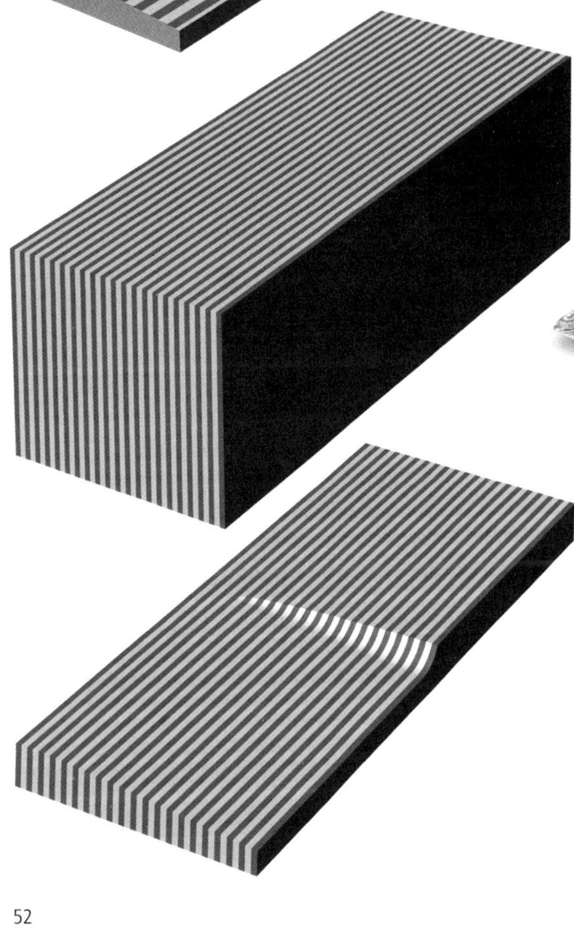

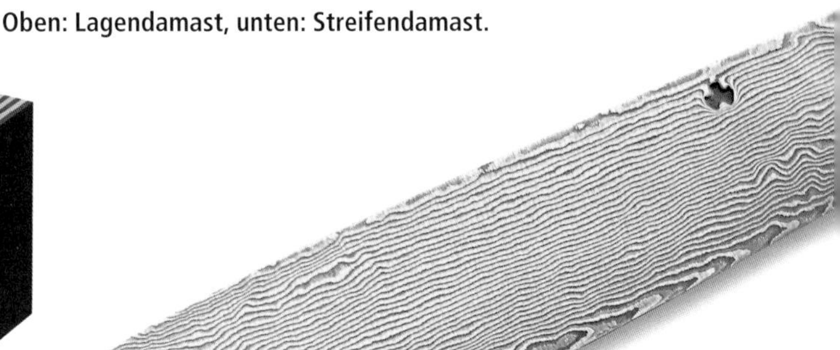

Eine Klinge in Streifendamast von Achim Wirtz.

Foto: Achim Wirtz

Hier ist das Prinzip der Orientierung auf die Spitze getrieben – die Lagen stehen quer zur Klinge. Eine einzige fehlerhafte Schweißung würde zum Abbrechen der Klinge führen. Klinge von Achim Wirtz.

Foto: Achim Wirtz

4.4 Vervielfältigung

Auch das ist eine sehr grundlegende Technik, die gewisse Überschneidungen mit den strukturbildenden Techniken aufweist. Dabei wird das Werkstück in zwei oder mehr Stücke geteilt, die wiederum zu einem Paket zusammengelegt und verschweißt werden. Die Erhöhung der Lagenzahl eines Laminats ist die verbreitetste Anwendung der Vervielfältigung. Wird ein Laminatpaket mittig geteilt und gefaltet, verdoppelt sich die Lagenzahl

Durch die Vervielfältigung einer bereits erzeugten Damast-Struktur wird das Muster feiner.

Auch Mosaik kann vervielfältigt werden. Dabei sollte aber immer in zwei Richtungen gearbeitet werden, um das Muster nicht zu verzerren.

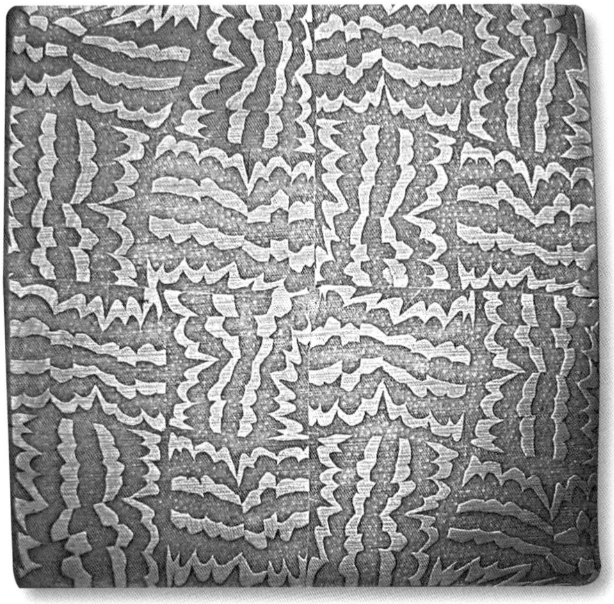

Werden quadratische Stäbe beim Vervielfältigen jeweils um 90° zueinander verdreht angeordnet, entsteht ein Korbflecht-Muster. Mosaik von Achim Wirtz.

Foto: Achim Wirtz

– trennt man das Paket in mehr Teile, wird dieser Effekt noch gesteigert. So lassen sich aufgrund des exponentiellen Anstiegs mit wenigen Schweißungen sehr große Lagenzahlen erreichen. Die Praxis zeigt aber, dass für die Musterbildung zu feine Lagen eher ungünstig sind, da das Auge die einzelnen Schichten kaum noch wahrnehmen kann.

Eine weitere Variationsmöglichkeit der Vervielfältigung bietet die Orientierung (siehe 4.3) der Teile zueinander. So können beispielsweise Laminatpakete jeweils um 90° gegeneinander verdreht angeordnet werden (Korbflecht-Muster / Basket weave).

Bei der Vervielfältigung von Mosaik gelten grundsätzlich die gleichen Regeln, allerdings kommt dabei als zusätzlicher Faktor die Möglichkeit hinzu, die Stücke in der Länge umzudrehen und so einen spiegelbildlichen Aufbau zu erzeugen.

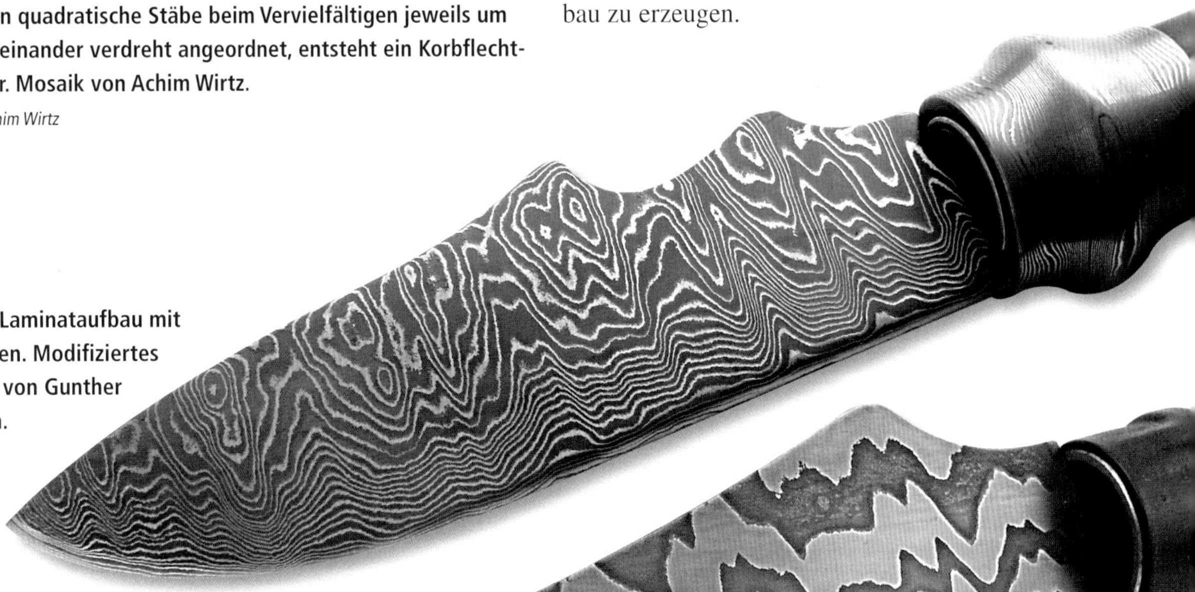

Feiner Laminataufbau mit 96 Lagen. Modifiziertes Opinel von Gunther Löbach.

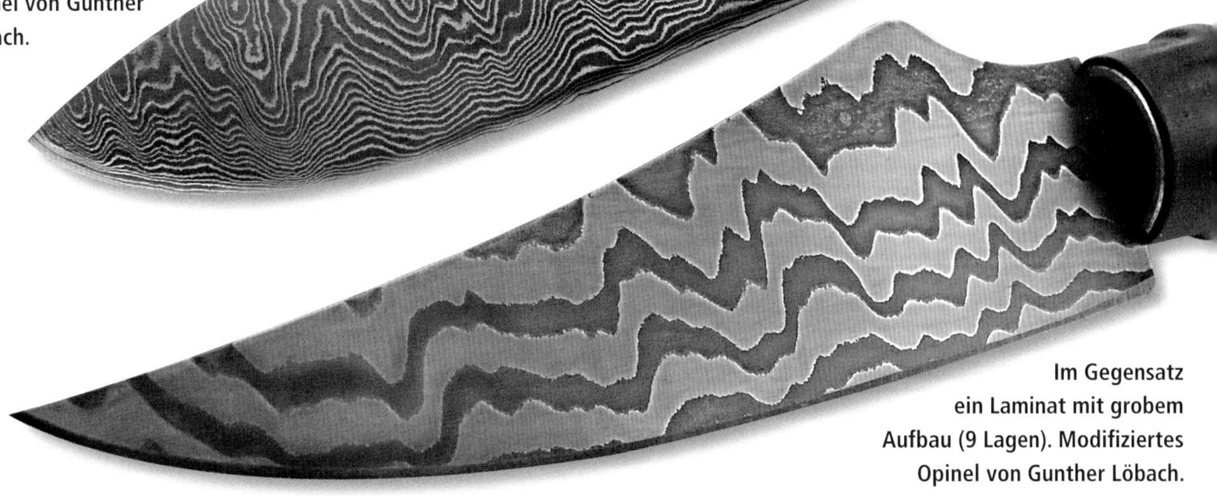

Im Gegensatz ein Laminat mit grobem Aufbau (9 Lagen). Modifiziertes Opinel von Gunther Löbach.

4.5 Torsion

Bei dieser Technik wird ein vorbereiteter Stab aus Laminat- oder Mosaikdamast in sich verdreht, also spiralartig tordiert. Dabei können rechts- oder linksgewundene Stäbe erzeugt werden. Weiterhin ist für das entstehende Muster entscheidend, wie eng der Stab verdreht wird (Steigung) und welchen Querschnitt er vor dem Tordieren hat (Quadrat, Achteck, Kreis). Zudem kann ein Stab nur partiell und/oder mit alternierender Drehrichtung tordiert werden. Das wellenartige Muster eines alternierend hin- und hergewundenen Torsionsstabes bezeichnet man als „Frauenhaar-Damast".

Vielfach werden mehrere Torsionsstäbe zusammengefasst und erneut verschweißt. Gegenläufig gewundene Stäbe ergeben dabei ein symmetrisches Muster. Je nachdem, wie viel Material von einem Torsionsstab abgeschliffen wird, kommen sehr unterschiedliche Muster zum Vorschein. Das ist bedingt durch die Stellung der Schichten, die sich über die Länge des Werkstücks stetig ändert.

Bei der Torsion wird die Struktur des Damasts verwunden. Durch Abschleifen entstehen unterschiedliche Muster.

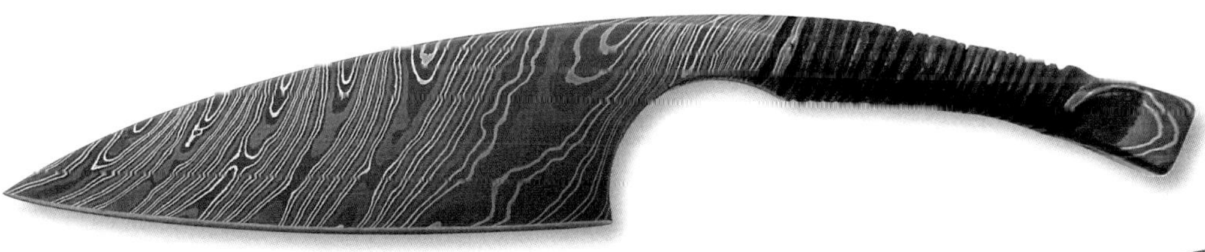

Ein einzelner Torsionsstab wurde im Bereich der Klinge in die Breite geschmiedet und angeschliffen. Messer von Gunther Löbach.

Bei diesem Messer von Gunther Löbach werden Klinge und Griff aus mehreren zusammengesetzten Torsionsstäben gebildet.

4.5.1 Kombination mehrerer Torsionsstäbe

Als Vorgriff auf die im Abschnitt 4.9 beschriebene Multibarren-Technik will ich die Kombination mehrerer Torsionsstäbe aufgrund ihrer großen Verbreitung an dieser Stelle gesondert vorstellen. Gleichmäßig und/oder gegenläufig gewundene Stäbe werden dabei zu einem quadratischen Querschnitt geschmiedet oder geschliffen. Die Stäbe werden dann parallel nebeneinander zu einem flächigen Paket angeordnet und verschweißt. Soll ein gleichmäßiges Muster erzeugt werden, muss die Steigung bei allen Stäben identisch sein. Weiterhin ist zu beachten, dass sich die Stäbe beim Verschweißen und Ausschmieden strecken und die Steigung größer wird.

Eine Variante ist die Verwendung von ungleichmäßig oder nur partiell tordierten Stäben. Dabei eröffnet die Anordnung in der Länge weitere Variationsmöglichkeiten.

4.5.2 Abschliffstadien

Da die Struktur im Inneren eines Torsionsstabs verwunden ist, stehen die Lagen an einigen Stellen parallel zur Oberfläche, an anderen senkrecht. Beim Anschleifen der Oberfläche zeigen sich zunächst schräge Linien im gleichen Winkel, den die Steigung der Torsion aufweist. Wird mehr Material abgetragen, beginnt sich das Muster einer Tangens-Kurve anzugleichen, die auch auf einer kreisförmigen „Bewegung" basiert. Je weiter man zur Mitte des Stabs abschleift, desto mehr wandern die Kurven ineinander, bis sich schließlich ein sternförmiges Muster zeigt.

Durch die Kombination mehrerer abwechselnd links- und rechtsgewundener Torsionsstäbe mit gleicher Steigung ergibt sich ein einheitliches Muster. Demonstrationsobjekt und Klinge von Peter J. Stienen. *Foto: Peter J. Stienen*

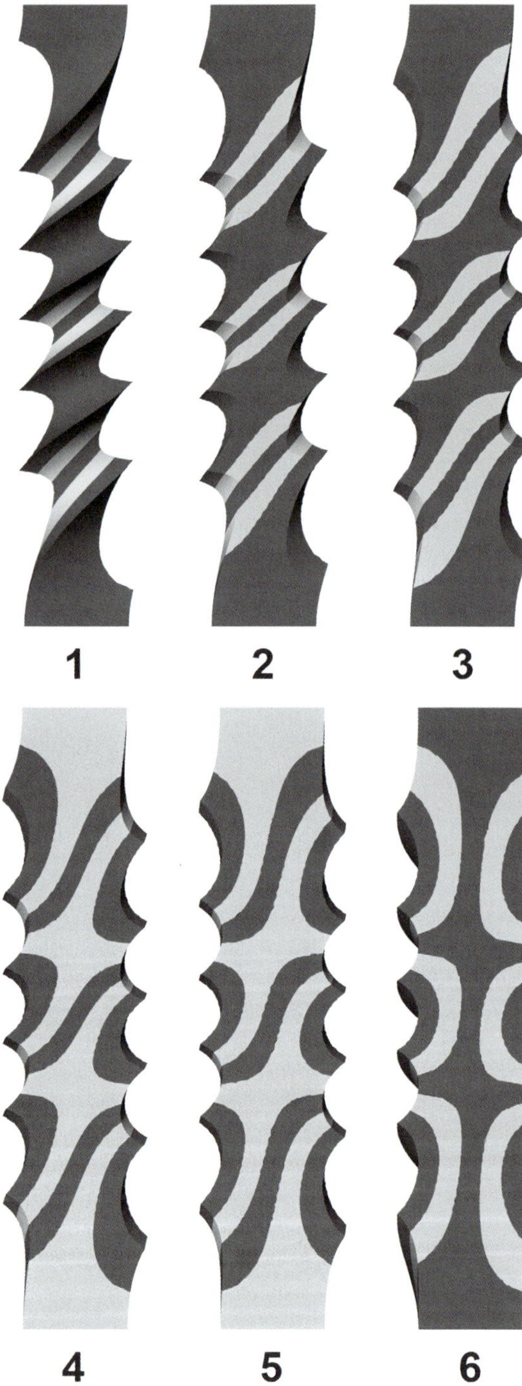

Die einzelnen Teile des rechts gezeigten Pakets in direkter Ansicht.

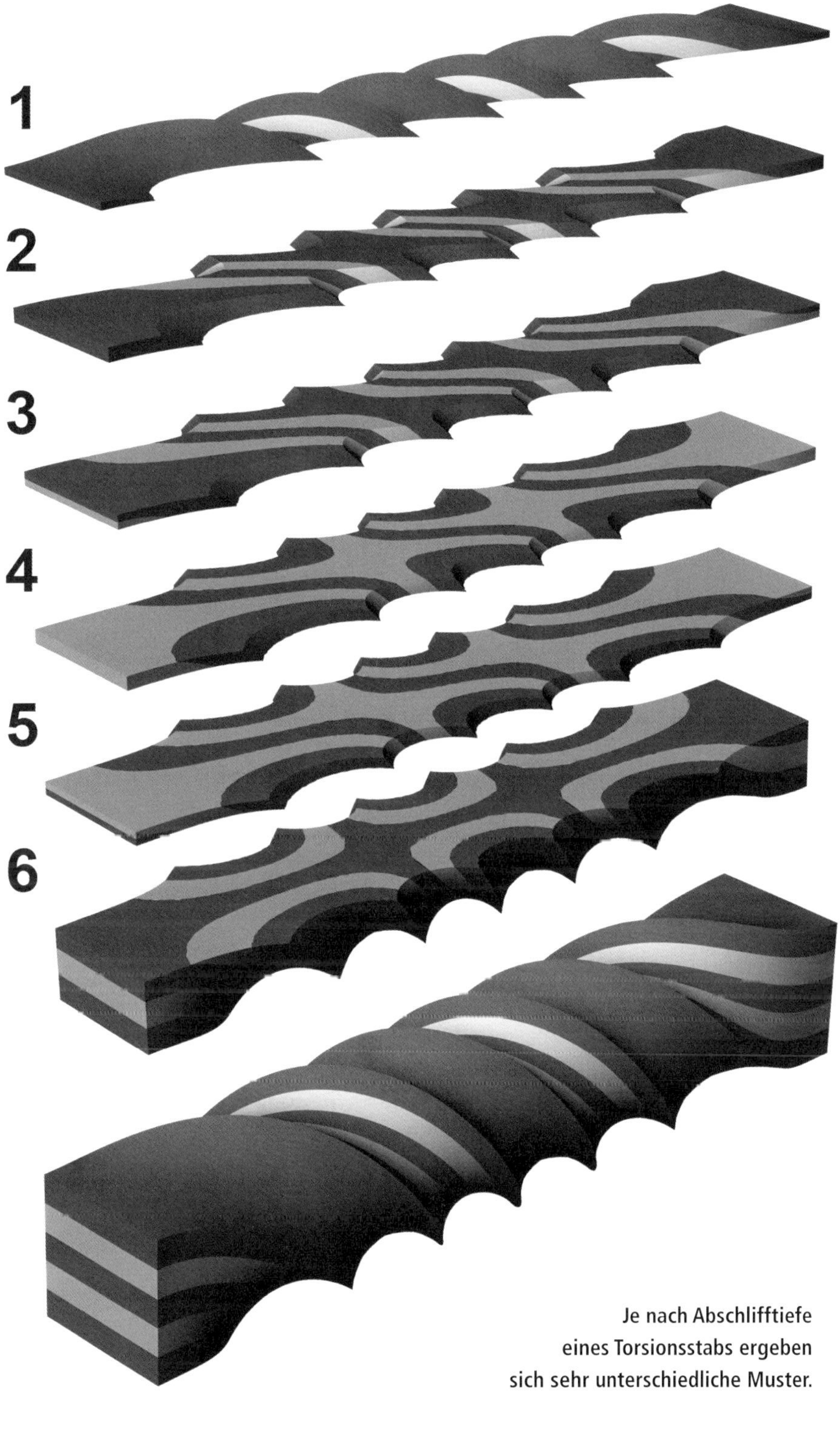

Je nach Abschlifftiefe
eines Torsionsstabs ergeben
sich sehr unterschiedliche Muster.

4.6 Oberflächenmanipulation

Bei dieser Gruppe von Mustern bildet in den meisten Fällen ein relativ feines Laminat die Ausgangsbasis. Grundprinzip der Oberflächenmanipulation (OM) ist die partielle Entfernung des Materials, damit die Lagenstruktur in diesen Bereichen angeschnitten wird und sich als Muster abzeichnet. Zu diesem Zweck wird entweder zuerst stellenweise Material abgetragen und dann die Oberfläche durch Verformung wieder egalisiert, oder man geht in umgekehrter Abfolge vor. Das heißt, die Oberfläche wird zunächst verformt und danach plangeschliffen oder -gefräst. Es existieren eine Reihe von „klassischen" Mustern, die durch Oberflächenmanipulation erzeugt werden. Die meisten davon haben mehrere uneinheitliche Bezeichnungen.

4.6.1 Prägetechnik

Bei dieser Methode der Oberflächenmanipulation wird das Werkstück (zumeist ein Laminatpaket) zunächst verformt. Das kann durch Schmieden mit der Hammerfinne, Prägen mit entsprechenden Punzen, Setzhämmern, Profilwalzen oder Gesenken erfolgen. Im nächsten Arbeitsgang werden die erhabenen Partien durch Schleifen oder Fräsen entfernt, bis wieder eine plane Fläche entstanden ist. Bei diesem Vorgang werden die Lagen in Form des geprägten Musters angeschnitten und zeichnen dieses an der Oberfläche nach.

4.6.2 Kerbtechnik

Im Gegensatz zur Prägetechnik wird hier der umgekehrte Weg beschritten. Ausgangsmaterial ist wie zuvor in der Regel ein Laminatpaket. Im ersten Schritt wird durch materialabtragende Bearbeitung ein Relief erzeugt. Gängige Methoden sind Feilen, Fräsen, Bohren oder Schleifen. Dabei werden die Lagen in den bearbeiteten Bereichen angeschnitten. Abschließend wird das Werkstück durch Verformen (Schmieden oder Walzen) wieder planiert, wobei die Lagen sich verformen und ebenfalls Muster an der Oberfläche erzeugen. Bei der Kerbtechnik muss beachtet werden, dass sich das Werkstück beim Planschmieden oder -walzen reckt (länger wird), wodurch das Muster entsprechend verzerrt wird.

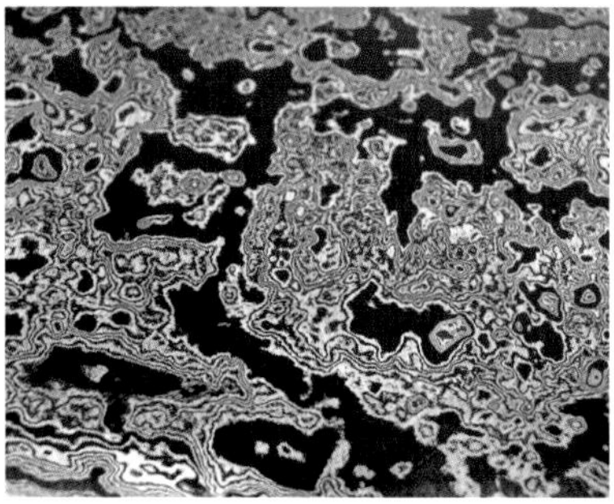

OM-Muster „Wilder Damast", erzeugt durch „zufällige" Verformung oder Einkerbung des Werkstücks. Klinge von Peter J. Stienen.

Foto: Peter J. Stienen

OM-Muster „Große Rosen". Klinge von Peter J. Stienen.

Foto: Peter J. Stienen

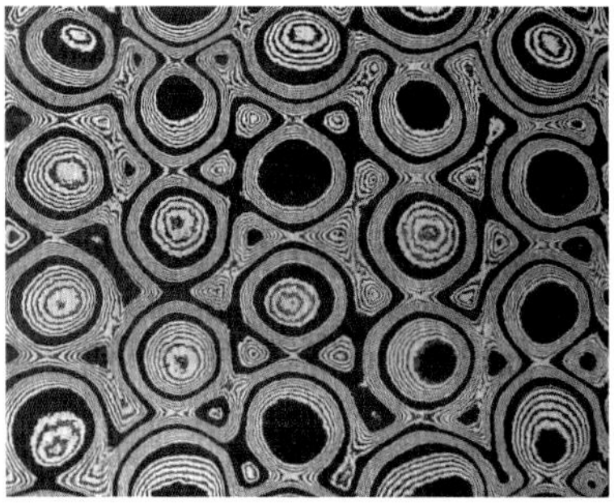

OM-Muster „Kleine Rosen". Klinge von Peter J. Stienen.

Foto: Peter J. Stienen

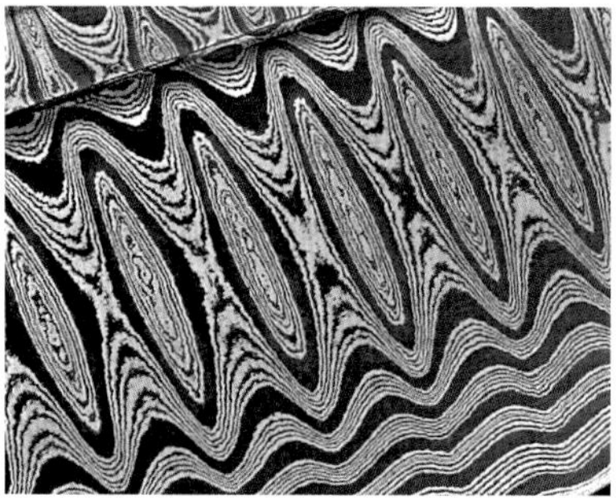

OM-Muster „Leiter". Klinge von Peter J. Stienen.

Foto: Peter J. Stienen

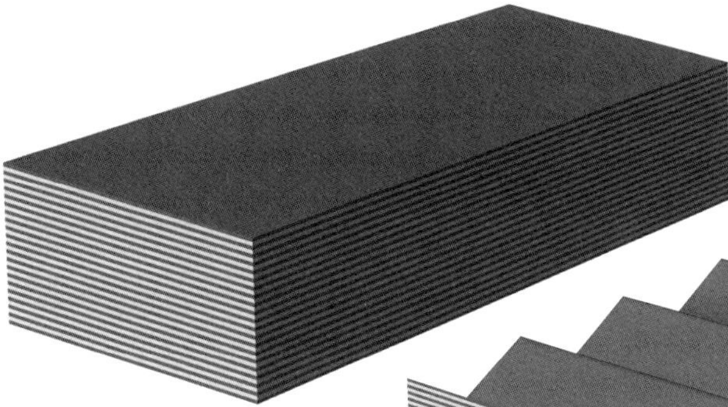

Bei der Prägetechnik wird zuerst verformt und dann Material abgetragen, um das Werkstück wieder zu egalisieren.

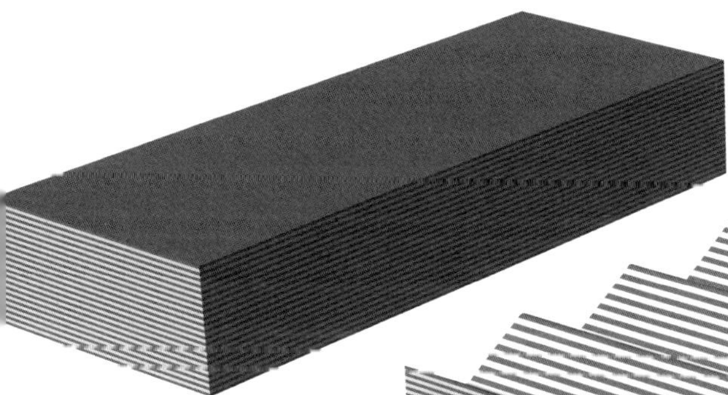

Bei der Kerbtechnik ist der Ablauf umgekehrt: zunächst wird partiell Material abgetragen, dann durch Schmieden egalisiert.

4.7 Deformation

Die Struktur eines Werkstücks kann auch durch gezielte Deformation manipuliert werden. Die verbreitetste Variante ist das „Verknittern“ eines Laminatpakets. Dazu wird das Paket mit senkrecht stehenden Lagen ausgereckt, wodurch sich die Lagen stauchen und verformen. Werden wiederum mehrere Schichten mit senkrecht stehenden Lagen miteinander verschweißt, entsteht ein sogenanntes „Explosions“- oder „Firecracker“-Muster.

Weitere denkbare Varianten sind die gezielte Faltung, das „Aufwickeln“ oder jegliche Art von stetiger oder abrupter Querschnittsänderung des Pakets. Im Prinzip stellt auch die Torsion eine Deformation dar.

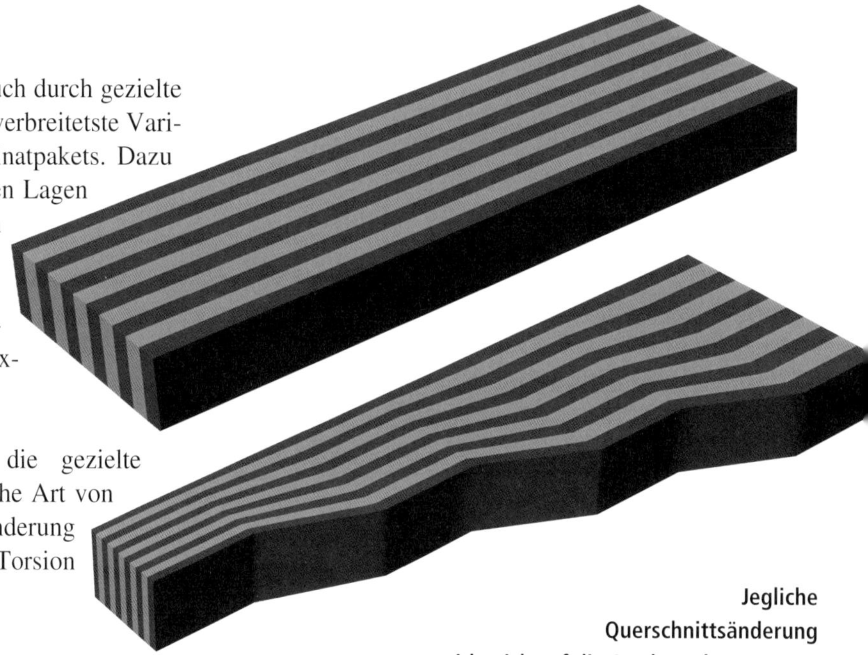

Jegliche Querschnittsänderung wirkt sich auf die Struktur des Damasts aus und zeigt sich im resultierenden Muster.

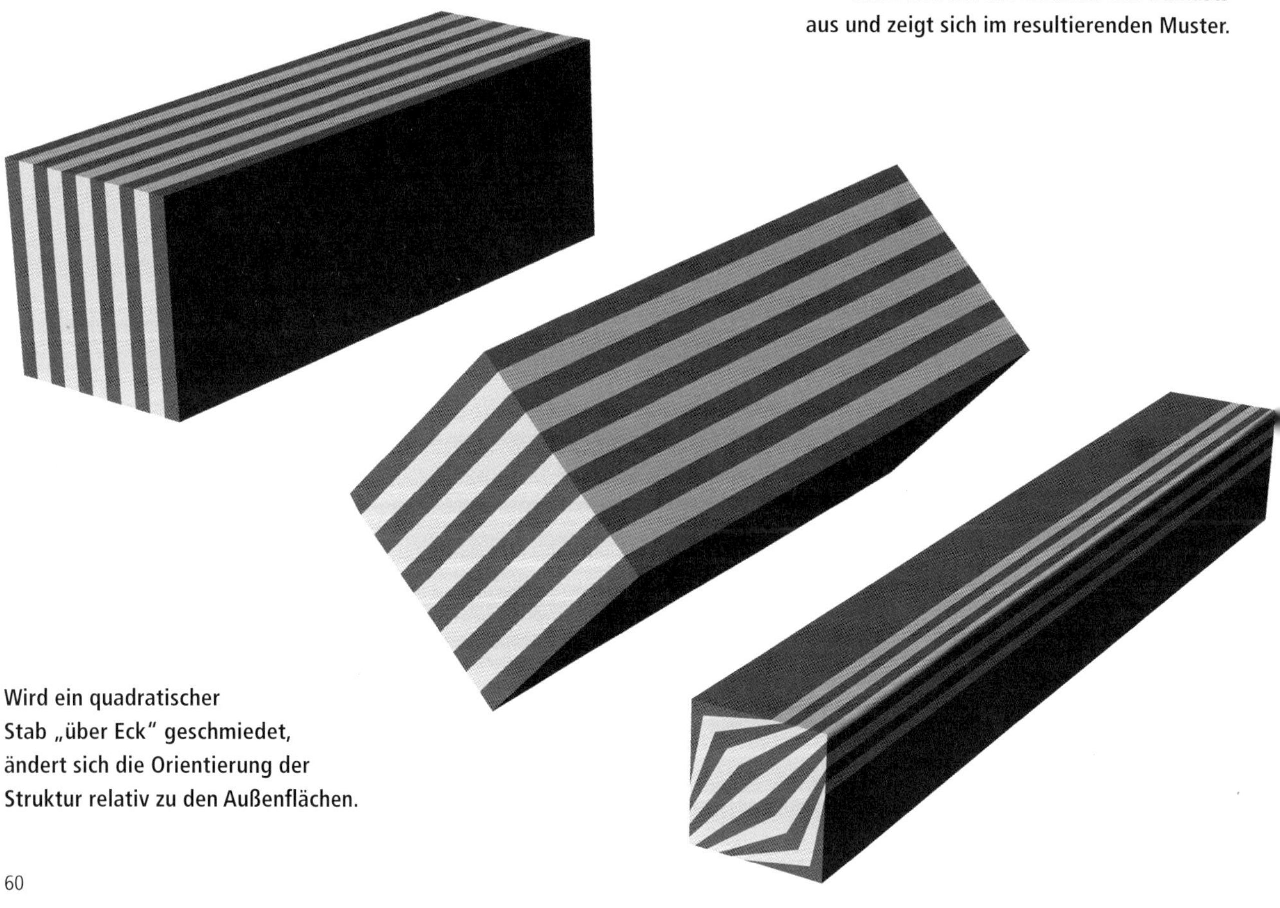

Wird ein quadratischer Stab „über Eck“ geschmiedet, ändert sich die Orientierung der Struktur relativ zu den Außenflächen.

Dieses Mosaik von Achim Wirtz wurde aus verschiedenen, deformierten Damast-Stäben zusammengesetzt.

Foto: Achim Wirtz

4.8 Entfaltung

Um das stirnseitige Muster eines Pakets (Gestirnter Damast, siehe 4.2) auf der Längsfläche sichtbar zu machen, kann der Stab in Scheiben geschnitten werden, die dann wiederum untereinander und/oder als Deckschicht (siehe 4.9) wie Kacheln auf eine durchgehende Lage geschweißt werden. Zur Vereinfachung dieses Prinzips kann der Mosaikstab auch wechselseitig eingeschnitten und wie eine Ziehharmonika aufgefaltet werden. Dabei ergibt sich eine spiegelbildliche Abfolge des stirnseitigen Musters (vergleichbar mit dem „Stürzen" von Holzfurnier), was interessante Möglichkeiten bietet.

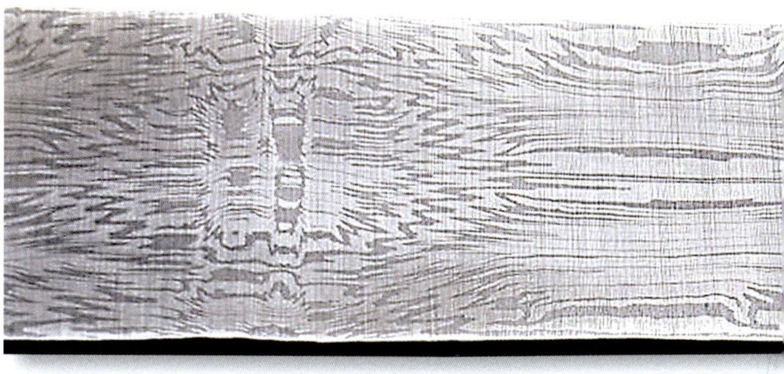

Deutlich erkennt man die langgezogenen Bereiche des Musters, die sich an den aufgeklappten Kerbgründen bilden. Entfalteter Explosionsdamast von Achim Wirtz.

Foto: Achim Wirtz

Eine weitere Mosaik-Variante von Achim Wirtz, die verschiedene Deformations-Techniken vereint.

Foto: Achim Wirtz

Messer von Achim Wirtz mit Klinge aus entfaltetem Explosionsdamast.

Foto: Achim Wirtz

Um das stirnseitige Muster eines Damast-Pakets auf die Längsfläche „abzuwickeln", kann der Stab wechselseitig eingekerbt und wie eine Ziehharmonika entfaltet werden.

4.9 Deckschicht / Multibarren

Viele der komplizierteren Damastmuster sind aus unterschiedlichen Komponenten zusammengefügt. Im Prinzip ist das wiederum eine strukturbildende Technik, bei der verschiedene unabhängig bearbeitete Strukturen kombiniert werden. Anhand der Orientierung der einzelnen kombinierten Damast-Komponenten kann man diese Kombinationen in zwei Gruppen unterteilen: Eine laminare Anordnung bezeichnet man als Deckschicht-Technik, wobei die Kontaktflächen der Komponenten parallel zur Sichtfläche orientiert sind, ähnlich wie bei einem Lagen-Damast. Sind die Kontaktflächen senkrecht zur Sichtfläche angeordnet, wie bei einem Streifendamast, spricht man von der Multibarren-Technik. Es gibt auch Hybride der beiden Verfahren.

Die ohnehin schon große Vielfalt an Mustern wird auf diese Weise ins Unendliche gesteigert. Die folgenden Beispiele sollen stellvertretend für diese große Gruppe einige Möglichkeiten aufzeigen.

Multibarren-Klinge von Achim Wirtz aus unterschiedlichen, tordierten Mosaikstäben und Zwischenlagen.

Foto: Achim Wirtz

Messer von Norbert Leitner mit Deckschicht-Klinge. Damast von Peter J. Stienen.

Foto: Peter J. Stienen.

Deckschicht-Klinge mit grobem Lagenaufbau von Thomas Hauschild.

Foto: Wieland Verlag

Bowie-Messer von Achim Wirtz in Multibarren-Technik. Grobe und feine Torsionsstäbe wurden (mit Zwischenlagen) zu einer Klinge kombiniert.

Foto: Achim Wirtz

4.9.1 Verbundklingen

Schon sehr früh in der Geschichte des Damaszenerstahls wurden Kombinationen verwendet. Ein typisches Beispiel sind Verbundklingen. Unter den ältesten Damast-Funden finden sich bereits Klingen mit überaus kompliziertem Aufbau. Die Kombination der unterschiedlichen Materialien und/oder Musterstäbe diente vermutlich sowohl dekorativen Zwecken als auch der Verbesserung technischer Eigenschaften und der Einsparung des aufwändig herzustellenden Materials. So wurden zur Musterbildung bei Schwertklingen oft Torsionsstäbe in der Mitte von aufgesattelten Schneidleisten aus Lagen- oder Streifendamast eingerahmt (Multibarrentechnik).

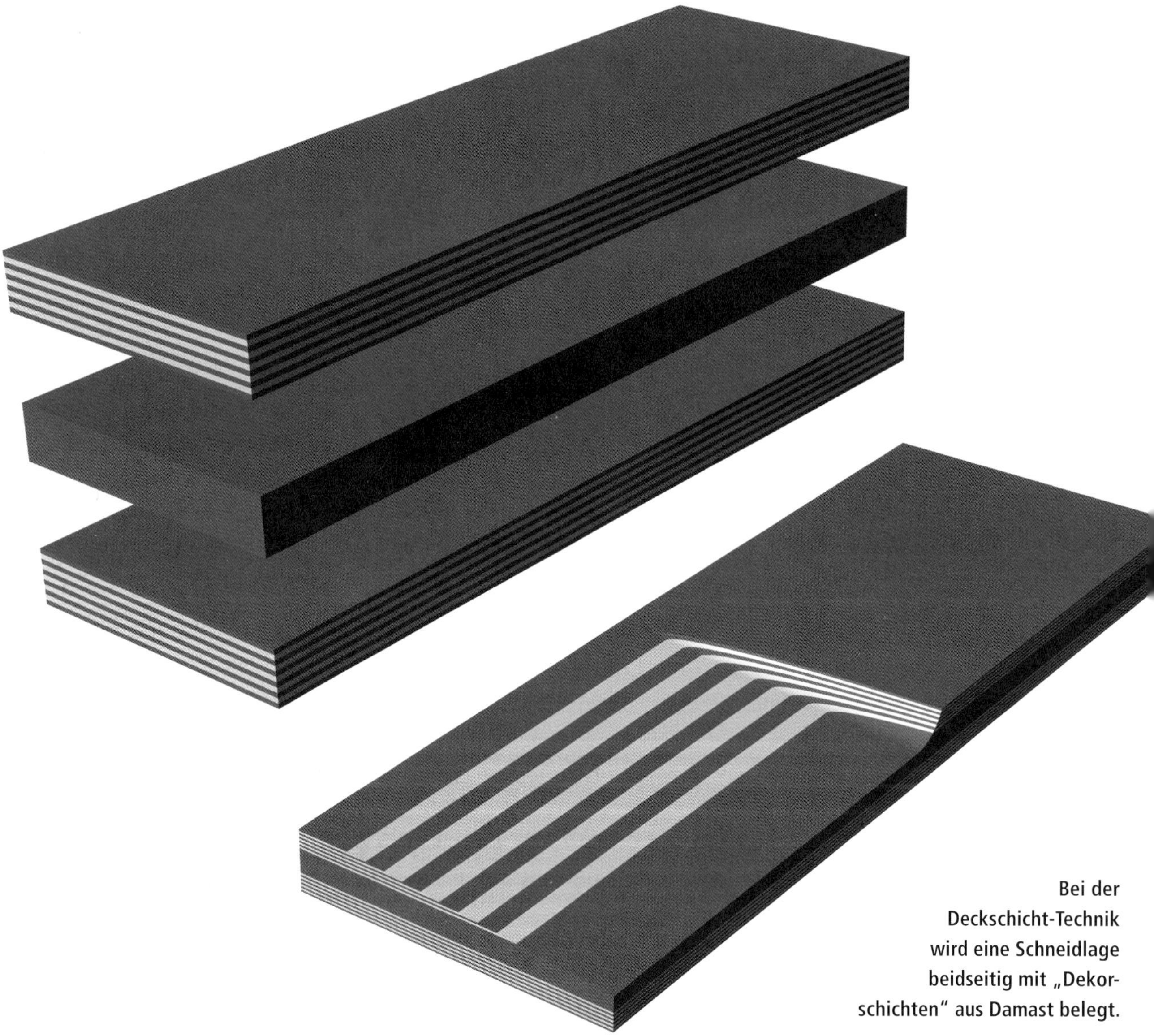

Bei der Deckschicht-Technik wird eine Schneidlage beidseitig mit „Dekorschichten" aus Damast belegt.

Bei der Deckschicht-Technik gibt es zwei grundlegende Varianten: Entweder wird in der Mitte der Klinge ein Kernstab aus weichem Eisen verwendet, der allseitig von härtbarem Material umschlossen ist. Bei der zweiten Variante wird eine härtbare Schneidlage beidseitig flächig mit „Dekorschichten“ oder weichem Material plattiert. Dieses Verfahren ähnelt dem Furnieren von günstigem Holz mit dünnen Schichten aus hochwertigem Material. Einerseits wird durch diesen makroskopischen Verbundaufbau die Elastizität der Klinge erhöht, andererseits auch weniger von dem aufwändig herzustellenden Damaszenerstahl verwendet.

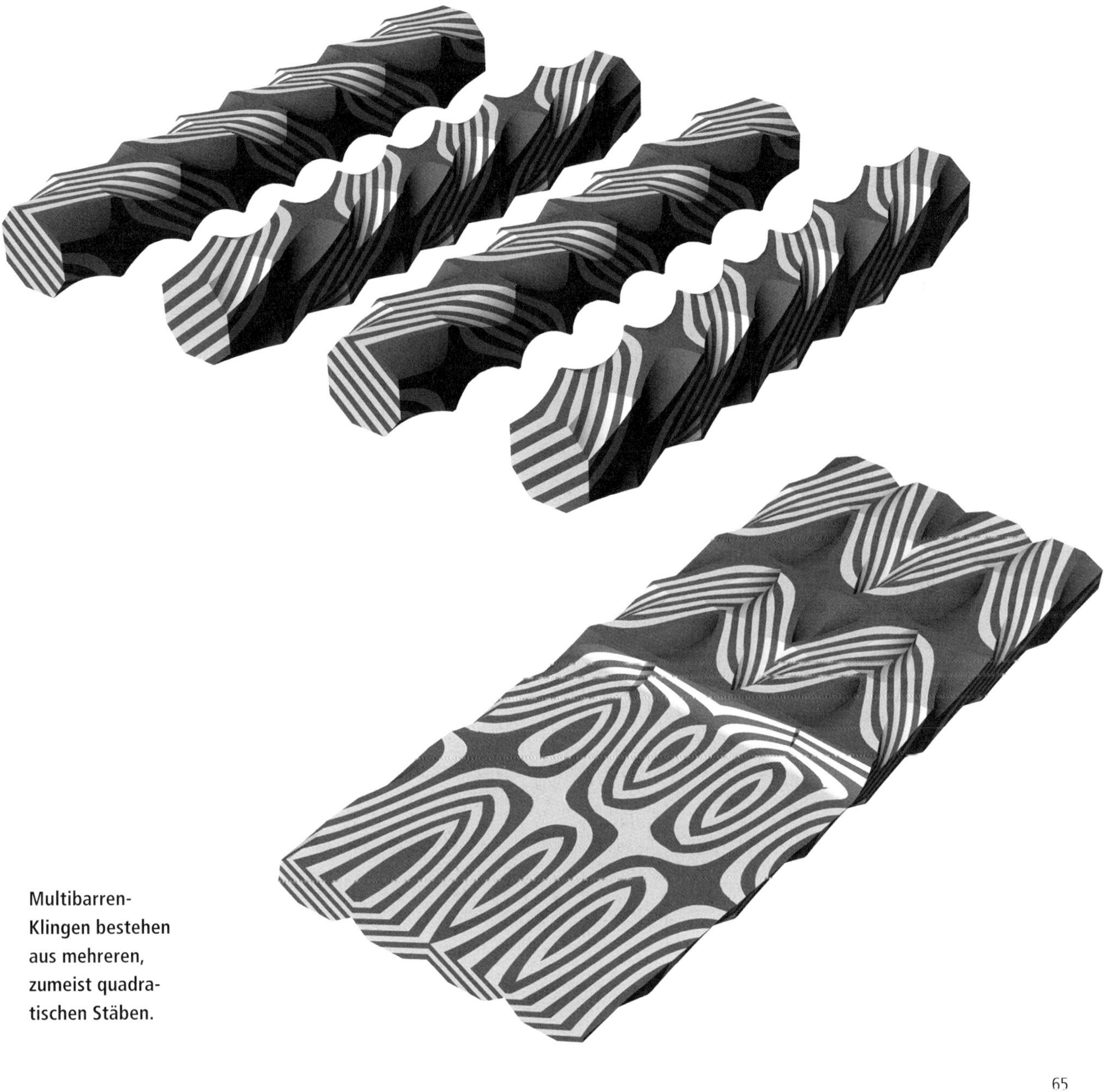

Multibarren-Klingen bestehen aus mehreren, zumeist quadratischen Stäben.

4.9.2 „Wurmbunter" Damast

Der Terminus „wurmbunt" wird für Verbundklingen verwendet, deren Klingenkern aus mehreren Torsionsstäben besteht, auf die beidseitig Schneidleisten aus Lagendamast aufgesattelt sind. Die Bezeichnung gründet sich auf verschiedene historische Quellen, in denen das Muster der Klingen beschrieben wird. Dieser spezielle Klingenaufbau wurde auffällig oft verwendet, weshalb sich ein eigener Begriff dafür etabliert hat. Eines der besterhaltenen und bekanntesten Exemplare dieses Klingentyps ist das Sutton-Hoo-Breitschwert, benannt nach seinem Fundort, einem normannischen Schiffsgrab an der Ostküste Englands.

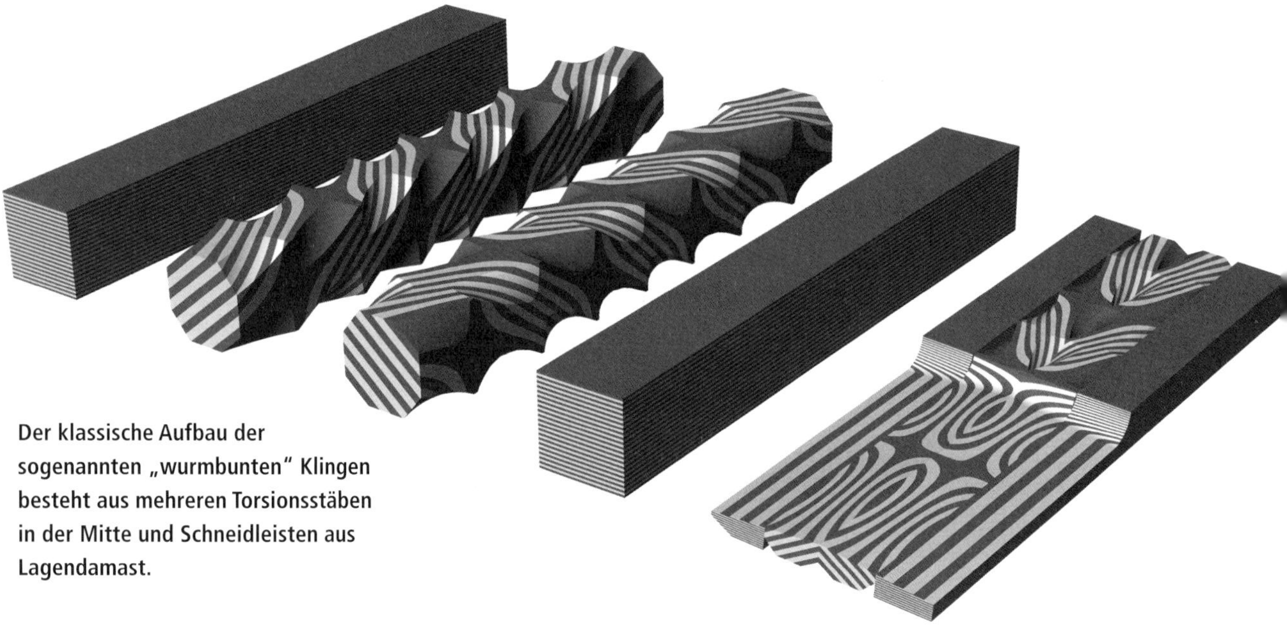

Der klassische Aufbau der sogenannten „wurmbunten" Klingen besteht aus mehreren Torsionsstäben in der Mitte und Schneidleisten aus Lagendamast.

Nachgeschmiedete Klinge des Sutton-Hoo-Breitschwerts von Markus Balbach im „wurmbunten" Aufbau.

Foto: Deutsches Klingenmuseum Solingen, Lutz Hoffmeister

4.10 Intarsien

Eine weitere Kombinationsmöglichkeit verschiedener Damaststrukturen stellt die Intarsien-Technik dar. Dabei wird eine Scheibe eines zuvor erzeugten, gestirnten Damasts (zumeist ein Mosaik) in die Oberfläche des Werkstücks eingelegt. Dazu wird eine Tasche vorbereitet (zum Beispiel durch Fräsen oder Prägen), in die die Intarsie eingepasst wird. Abschließend werden die Teile durch Feuerschweißen verbunden.

Ein Sonderfall der Intarsien-Technik ist die sogenannte Drahtdamaszierung. Dabei wird ein Draht in eine vorbereitete Rille im Werkstück eingelegt (vergleichbar mit einer Tauschierung) und dann feuerverschweißt. Der Draht besteht aus einer anderen Stahlsorte als das aufnehmende Objekt. Er kann auch selbst wieder aus Strängen mehrerer unterschiedlicher Stähle zusammengesetzt sein, die zum Beispiel wie ein Drahtseil verwunden oder wie ein Zopf geflochten sind.

Bei der Intarsien-Technik werden Abschnitte eines Mosaik-Stabs (oft ein Puzzle-Mosaik) in ein Grundmaterial eingelegt.

Messer mit hitzecoloriertem Intarsien-Damast von Shane Taylor.

Foto: Wieland Verlag

Ein weiteres Beispiel für Intarsien-Damast von Shane Taylor.

Foto: Wieland Verlag

4.11 Beispielgalerie

Die Objekte dieser Galerie zeigen einen kleinen Ausschnitt aus der Vielfalt des Damaszenerstahls und seiner Anwendungen.

„Schneidei" von Martin Steinhorst. Verhütteter Stahl, aufgekohlt. Gestaltung als Reduktionsprozess: „Was kann an einem Messer weggelassen werden?"

Foto: Martin Steinhorst

Ringe aus Lagen-Damast von Aliki Apoussidou.

Foto: Aliki Apoussidou.

Drei Ringe von Martin Steinhorst. Damaszenerstahl, aus einem Stück geschmiedet; angeschliffen, roh belassen: „Schmiedeoberfläche – was ist darunter?

Foto: Martin Steinhorst

Anhänger von Mick Maxen. Tordierter Damast aus C70 und 1.2796 (gebläut) in Weißgoldfassung.
Foto: Foto: Mick Maxen

Schmuckdose von Mick Maxen. Zusammengesetzt aus sieben, zum Teil tordierten Damast-Stäben (C70 / 1.2796). Knopf aus Edelstahl, Sockel aus Eichenholz.
Foto: Mick Maxen

Kochmesser „Black Kitchen Mistress IV" von Gunther Löbach. Klinge in Deckschicht-Technik aus tordiertem Explosions-Damast (1.2842 / 1.2767) mit einer Schneidlage aus Feilenstahl. Zwinge aus CrNi-Stahl, Griff aus Ebenholz.

Gemüsemesser „Black Kitchen Mistress III" von Gunther Löbach. Klinge in Deckschicht-Technik aus tordiertem Spirograph-Damast (1.2842 / 1.2796) mit einer Schneidlage aus Feilenstahl. Zwinge aus CrNi-Stahl, Griff aus Ebenholz.

„Drachenhaeuther“ von Aliki Apoussidou und Gunther Löbach. Links: Klinge aus wildem Damast (1.2842 / 12767, 175 Lagen), Griffsegmente aus Tagua-Palmnuss. Rechts: Klinge aus wildem Damast (1.2842 / 12767, 30 Lagen), Griffsegmente aus rotem Jaspis.

Diese Sichel zum Ernten von Kräutern war ein Kundenauftrag. Zwischen der Spitze und dem Griff befindet sich noch im Ansatz der Block, aus dem die Sichel geschmiedet wurde.

Foto: Martin Steinhorst

„Fächer"-Messer von Gunther Löbach. Streifendamast aus 1.2842 und 1.2767, neun Lagen.

Teil 2: Praxis

Allgemeines zur Praxis

5.1 Viele Wege zum Ziel

Die Herstellung von Schweißverbund-Damast ist eine komplexe Aufgabe. Um sie erfolgreich durchzuführen, muss eine Vielzahl von Faktoren beachtet werden. Wie fast überall gibt es auch hier viele Wege, die zum Ziel führen. Das zeigt sich schon beim Lesen der diversen Literaturquellen, in denen praktische Anleitungen gegeben werden. Jeder Autor hat eigene Vorgehensweisen, Weisheiten und Tricks auf Lager, die sich zum Teil sogar inhaltlich widersprechen. So ist jeder, der sich mit Damaszenerstahl und seiner Herstellung beschäftigt, aufgerufen, durch eigene Versuche herauszufinden, welche Arbeitsweise für ihn die beste ist.

Die im Folgenden dargestellten Anleitungen und Tipps sind das Ergebnis meiner bisherigen Auseinandersetzung mit Damaszenerstahl. Sie wurden über mehrere Jahre erarbeitet und funktionieren mittlerweile mit relativ geringer Ausschussquote. Es liegt mir aber fern, sie als die „einzige Wahrheit" darzustellen – durch neue Erkenntnisse, Werkzeuge und Materialien werden sie sich ohne Zweifel stetig weiterentwickeln.

Ich möchte jeden dazu ermuntern, durch das Studium entsprechender Literatur, Gespräche mit anderen Damastschmieden und eigene Versuche verschiedene Wege kennenzulernen und auszuprobieren. Durch die Kombination der so gesammelten Erfahrungen kann jeder „seinen" eigenen Weg finden. Außerdem möchte ich jeden auffordern, sein Wissen wiederum mit anderen zu teilen.

Die folgenden Praxis-Tipps sind als Hilfestellung für den Einsteiger gedacht. Sie sollen dabei helfen, sich zwischen den vielen verschiedenen Materialien, Techniken und Vorgehensweisen entscheiden zu können. Die dargestellte Auswahl soll dazu beitragen, das Fehlschlagrisiko zu minimieren und mit möglichst einfachen Schritten zu einem erfolgreichen Ergebnis zu kommen.

Zur Herstellung von Schweißverbund-Damast sind viele Arbeitsschritte nötig, bei denen möglichst viel „richtig" gemacht werden muss, um zu einem befriedigenden (also fehlerfreien) Ergebnis zu kommen. Da es für einen Einsteiger schwierig ist, die vielen Faktoren im Blick zu behalten und alle Fehlerquellen auszuschließen, sind in der Anfangsphase Misserfolge (Schweißfehler, Rissbildung durch Überhitzen des Pakets) sehr wahrscheinlich. Das ist aufgrund der Komplexität des Vorgangs nicht verwunderlich. Man sollte sich davon nicht entmutigen lassen. Selbst Damastschmieden mit mehreren Jahrzehnten Erfahrung unterlaufen hin und wieder Fehler.

In Anbetracht des gesamten Arbeitsaufwands sind Fehler, die ein Werkstück am Schluss unbrauchbar machen, besonders ärgerlich. Aus diesem Grund sollte jedem einzelnen Arbeitsschritt die größtmögliche Aufmerksamkeit und Sorgfalt gewidmet werden. Der sicherste Weg zum Ziel ist das systematische Ausschließen oder Minimieren aller möglichen Fehlerquellen. Dabei sind Ungeduld und Eile gänzlich fehl am Platz. Stellt sich das Werkstück am Ende als unbrauchbar heraus, muss ein Vielfaches der vermeintlich eingesparten Zeit in die Neufertigung investiert werden. Sicher lässt sich der Prozess durch Routine und Erfahrung deutlich beschleunigen. Aber Einsteigern möchte ich dringend raten, zunächst die Uhr unbeachtet zu lassen und statt dessen auf ein erfolgreiches Ergebnis hinzuarbeiten.

Feuerschweißen unter dem Lufthammer.

5.2 Arbeitssicherheit

Auch auf die Gefahr hin, den einen oder anderen Leser zu ermüden, möchte ich zunächst auf das wichtige Thema Arbeitssicherheit eingehen. Die verschiedenen Arbeitsschritte bergen eine Reihe von Gefahren, die Schutzmaßnahmen erfordern. Vieles davon ist dem Metallbearbeiter sicher bekannt, aber dennoch sollen ein paar Punkte besonders hervorgehoben werden.

5.2.1 Feuerschweißen

Hier geht die größte Gefahr von dem geschmolzenen Flussmittel aus, das zusammen mit unerwünschten Oxiden und Verunreinigungen zwischen den Stahllagen herausspritzen kann, wenn diese durch Hammerschläge verschweißt werden. Diese heiße Schlacke erkaltet weitaus langsamer als Zunder oder Glutpartikel und brennt daher ohne Schwierigkeiten Löcher und Krater in Kleidung, Brillengläser, Haut und andere empfindliche Objekte. Die glühenden Tropfen können je nach Arbeitsweise bis zu fünf Meter weit fliegen. Daher gilt es, sich selbst, andere Personen und empfindliche Objekte durch Arbeitsschutzmittel oder Abschirmungen (zum Beispiel aufgestellte Hartfaserplatten) vor dem Schlackeflug zu schützen.

Zudem ist die Lärmbelastung hoch, besonders bei Verwendung eines Maschinenhammers, und das stetige Beobachten des Schweißpakets im hell brennenden Feuer schädigt langfristig die Augen durch UV-Strahlung. Folgende Schutzmaßnahmen sollten daher beim Feuerschweißen beachtet werden:

- Schutzbrille tragen (getönt, UV-Schutz beachten)
- Handschuhe tragen
- Gehörschutz tragen (vor allem bei der Arbeit mit einem Maschinenhammer
- Andere Personen auf die Gefahr des Schlackeflugs hinweisen, eventuell durch „Schutzwände" abschirmen

5.2.2 Schleifen / Polieren

Um das Muster des Damaststahls sichtbar zu machen, kommt man in den meisten Fällen nicht umhin, einiges an Material durch Schleifen zu entfernen. Dabei sollten die üblichen Schutzmaßnahmen für abrasive Bearbeitungsverfahren beachtet werden. Das gilt besonders bei der Arbeit mit Nickel oder nickelhaltigem Stahl, da dieses Element und seine Verbindungen

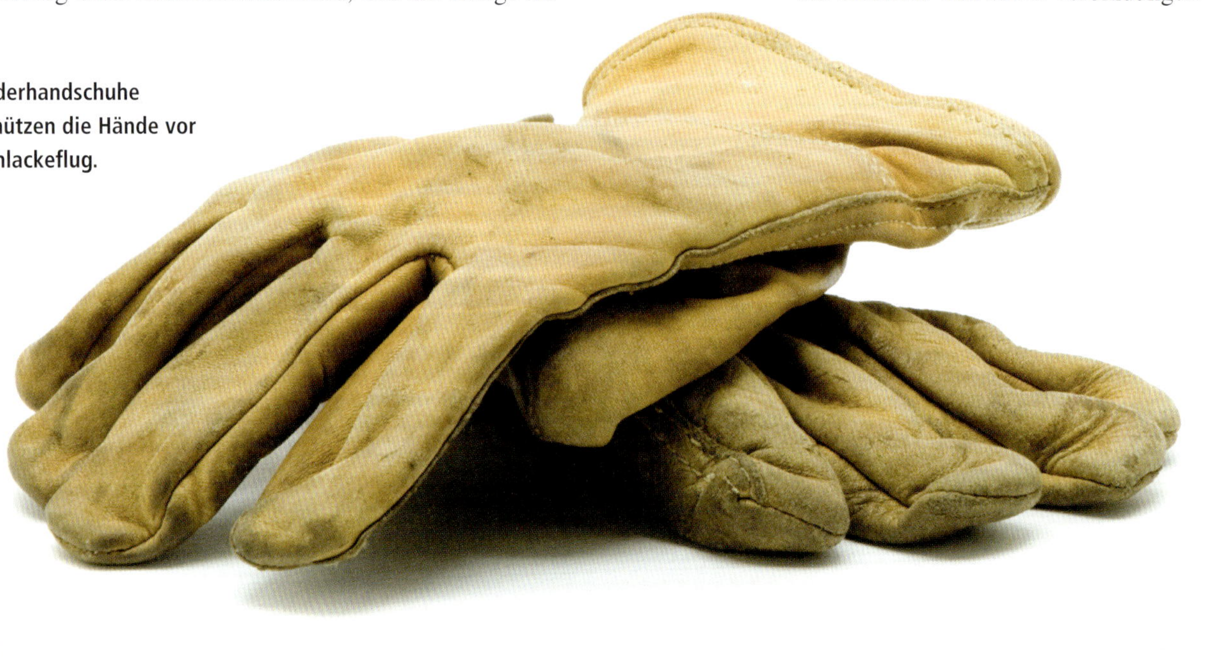

Lederhandschuhe schützen die Hände vor Schlackeflug.

allergiefördernd, karzinogen und ab einer gewissen Menge toxisch sind. Auch beim Schleifen sollte man zudem Rücksicht auf andere Personen in der Werkstatt nehmen. Folgende Schutzmaßnahmen sind beim Schleifen und Polieren zu beachten:

- Schutzbrille tragen
- Feinstaubmaske tragen
- Gehörschutz tragen

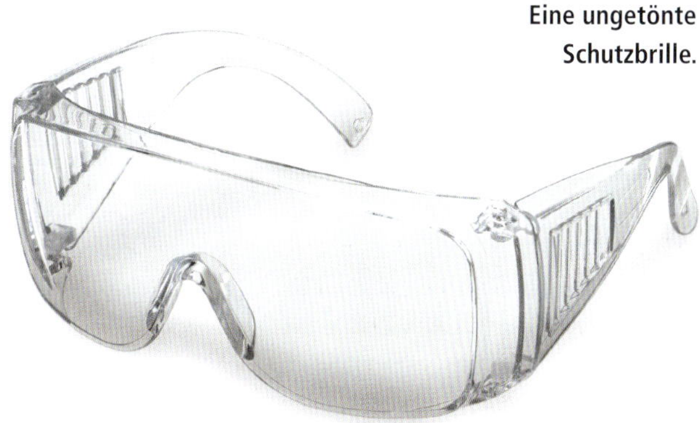

Eine ungetönte Schutzbrille.

5.2.3 Umgang mit Säuren

Von den drei im weiteren Verlauf vorgestellten Ätzmedien ist die Schwefelsäure weitaus korrosiver und gefährlicher als Zitronensäure oder Eisen(III)-Chlorid. Letzteres verursacht unschöne Flecken und ist toxisch, sobald es mit Kupfer oder Kupferlegierungen in Kontakt gekommen ist, die Gefahr von Verätzungen ist aber eher gering. Beim Verdünnen von Säuren gilt der bekannte Merksatz: „Erst das Wasser, dann die Säure, sonst geschieht das Ungeheure.“ Das heißt: Wenn man Wasser zu konzentrierter Säure gießt, kommt es zu einer heftigen, gasbildenden Reaktion, bei der die Flüssigkeit unter Umständen umherspritzt. Daher immer den umgekehrten Weg wählen: Säure in einem dünnen Strahl zum Wasser hinzugeben!

Zudem ist eine gute Belüftung nötig: Am besten arbeitet man unter einer Absaugvorrichtung oder im Freien. Um verschüttete Säure zu neutralisieren, sollte zum Beispiel Backsoda bereitgehalten werden. Beim Umgang mit Säuren sollten zusammenfassend folgende Schutzmaßnahmen beachtet werden:

- Schutzbrille tragen (besser: Gesichtschild)
- Handschuhe tragen (säurefest)
- Schürze tragen
- Gute Belüftung sicherstellen
- Neutralisationsmittel bereithalten

Ein Gehörschutz.

Werkstoffe

Generell besteht Schweißverbund-Damast aus zwei oder mehr verschiedenen Stahlsorten (siehe Abschnitt 1.1), die sich im Kohlenstoffgehalt und/oder Anteilen anderer Legierungselemente unterscheiden. Einen Sonderfall stellt Nickel dar, das sich ebenfalls durch Feuerschweißen mit Eisenwerkstoffen verbinden lässt.

Den umfangreichen metallogischen Hintergrund der einzelnen Einflussfaktoren ausführlich zu erläutern, würde den Rahmen dieses Buchs sprengen. Hier soll der Schwerpunkt auf einer praktischen Anleitung liegen. Aus diesen Gründen werde ich nur die Effekte ansprechen, die unmittelbar für die Herstellung von Schweißverbund-Damast relevant sind (weil sie Einfluss auf Schweißbarkeit und Färbung haben). Lesern mit großem Interesse an diesem Thema sei das Werk „Messerklingen und Stahl" von Roman Landes empfohlen (siehe Literaturliste).

6.1 Kohlenstoffgehalt

Ein extrem wichtiger Faktor ist der Kohlenstoffgehalt der Werkstoffe. Er ist sowohl für das Schweißverhalten als auch für die Reaktionsfreudigkeit mit der Säure von zentraler Bedeutung.

6.1.1 Schweißeigenschaften

Der Kohlenstoffgehalt bestimmt zum einen die minimale Schweißtemperatur [T_{min}] des Werkstoffs, das heißt die Temperatur, ab der sich der Werkstoff durch Feuerschweißen verbinden lässt. Dabei besteht eine antiproportionale Abhängigkeit: Je höher der C-Gehalt, desto niedriger ist T_{min}.

Weiterhin wird durch den C-Gehalt auch die Temperatur bestimmt, die der Werkstoff verträgt, bevor es zum Ver-

Verschiedene Flachprofile als Ausgangsmaterial für Laminat-Damast.

brennen des Kohlenstoffs und infolge dessen zu Rissbildung und partieller Entkohlung kommt [T_{max}]. Auch hier ist die Abhängigkeit antiproportional: Je höher der C-Gehalt, desto niedriger ist T_{max}.

Diese beiden Werte begrenzen ein Temperaturfenster, innerhalb dessen der gegebene Werkstoff feuergeschweißt werden kann. Sollen nun Werkstoffe mit unterschiedlichem C-Gehalt verbunden werden, muss das gesamte Paket sich im Bereich der Überlappung beider (oder aller) Temperaturfenster befinden, wenn es erfolgreich verschweißt werden soll. Daraus folgt, dass bei Werkstoffkombinationen mit stark unterschiedlichen Kohlenstoffgehalten dieser Überlappungsbereich sehr klein ist, was eine erfolgreiche Schweißung schwieriger macht.

6.1.2 Kohlenstoffdiffusion

Innerhalb des Materialgefüges strebt der Kohlenstoff danach, sich möglichst gleichmäßig zu verteilen. Daher „wandert" er von Orten höherer Konzentration zu Bereichen mit geringer Konzentration. Je höher die Temperatur des Werkstoffs ist, desto schneller findet diese Kohlenstoffdiffusion statt.

Um viellagigen Damast zu erhalten, muss der Werkstoff fast immer mehrfach auf Schweißtemperatur erwärmt werden. Zusätzlich werden die Lagen immer dünner – das heißt der Weg, den der Kohlenstoff zurücklegen muss, wird immer kürzer. Da Damaszenerstahl beim Verschweißen über eine gewisse Zeit sehr hohen Temperaturen ausgesetzt ist, kann bei relativ dünnlagigen Aufbauten davon ausgegangen werden, dass sich der Kohlenstoffgehalt vollständig homogenisiert. Dieser Effekt wurde in der Vergangenheit bei der Herstellung von Raffinierstahl (siehe Abschnitt 1.4.1) ausgenutzt.

6.1.3 Färbung

Der Kohlenstoffgehalt hat auch Einfluss auf das Ätzverhalten eines Werkstoffs. Sofern es sich um einen relativ groben Aufbau handelt, bei dem sich der C-Gehalt nicht homogenisiert hat, reagieren die Bestandteile unterschiedlich mit der Säure. Werkstoffe mit hohem C-Gehalt werden stärker angegriffen als solche mit niedrigem. Das äußert sich bei kurzen Ätzzeiten unmittelbar in der Färbung, bei längeren Zeiten bildet sich darüber hinaus ein merkliches Relief heraus. Letzteres kann genutzt werden, um die erhabenen Partien durch Feinschliff oder Politur aufzuhellen und somit den Kontrast zu erhöhen und gegebenenfalls Schattierungen zu integrieren, die die Plastizität unterstreichen (siehe 3.3.2).

Der Farbkontrast, der sich durch unterschiedliche Kohlenstoffgehalte bildet, ist eher dezent – es handelt sich um verschiedene Graustufen. Um starke Kontraste zu erzielen, sollten die Werkstoffe noch über weitere Legierungszusätze verfügen.

6.2 Andere Legierungsbestandteile

Die für die Optik interessantesten Legierungsbegleiter sind Mangan (Mn) und Nickel (Ni). Die vielen anderen möglichen Zusätze haben meist Auswirkungen auf mechanische Eigenschaften des Materials. Ihr Einfluss auf Feuerschweißbarkeit und Färbung durch Ätzen ist dagegen gering. Eine Ausnahme stellt Chrom (Cr) dar, das ab einer gewissen Konzentration das herkömmliche Feuerschweißen unmöglich macht (dazu gleich mehr).

6.2.1 Mangan

Mangan sorgt für eine dunklere Färbung des Materials beim Ätzvorgang und ist dadurch dazu geeignet, starke Kontraste bei der kohlenstoffreicheren Stahlsorte zu erzielen. Außerdem verbessern Manganzusätze die Feuerschweißbarkeit und Durchhärtbarkeit des Werkstoffs.

6.2.2 Nickel

Nickel stellt den Gegenpol zu Mangan dar: Das Material reagiert schwächer mit der Säure und behält daher eine hellere Färbung. Zudem bleibt der metallische Glanz beim Ätzen länger erhalten. Reinnickel wird von den Säuren kaum bis gar nicht angegriffen.

Die Schweißbarkeit wird durch Nickel nicht beeinflusst. Nickellegierte Stähle sind in der Regel relativ warmfest und verhalten sich beim Schmieden zäher als die übrigen vorgestellten Werkstoffe. Daher werden sie weniger verformt als diese – was bei der Wahl der Lagenstärke berücksichtigt werden muss: Sollen die verschiedenen Lagen am Ende die gleiche Stärke aufweisen, muss das nickelhaltige Ausgangsmaterial etwas dünner gewählt werden als die übrigen Lagen.

Nickel birgt Gefahren für die Gesundheit, so dass bei seiner Verarbeitung entsprechende Schutzmaßnahmen getroffen werden sollten (siehe 5.2).

6.2.3 Chrom

Chrom reagiert beim Erwärmen mit dem Umgebungssauerstoff zu Chromoxid, das eine erfolgreiche Verbindung der Werkstoffe verhindert. Werkstoffe mit einem nennenswerten Chromanteil (ab etwa zwei Prozent) können daher nur unter besonderen Bedingungen (Schutzgasatmosphäre, Vakuum) feuerverschweißt werden.

6.3 Gängige Werkstoffe

Einen Überblick über die wichtigsten Eigenschaften der gängigsten Werkstoffe bietet die Tabelle am Ende des Buchs (Seite 171). Die vorgestellten Materialien sollen die Auswahl aus der unüberschaubaren Menge von erhältlichen Stahllegierungen erleichtern.

6.3.1 WZ-Stahl 1.2842 (90MnCrV8) / US-Norm: O2

Dieser Stahl ist ein „Klassiker" als Bestandteil von Schweißverbund-Damast. Aufgrund seiner markanten schwarzen Zeichnung, der guten Schweißbarkeit und einem für die meisten Anwendungen brauchbaren Kohlenstoffgehalt bietet er sich als „dunkle" Stahlsorte an. Es handelt sich um einen gängigen Kaltarbeitsstahl, der in vielen Lieferformen und zu einem relativ günstigen Preis erhältlich ist.

6.3.2 Feilenstahl 1.2206 (140CrV1)

Aufgrund seines extrem hohen Kohlenstoffgehalts ist dieser Werkstoff schwierig zu verschweißen, er eignet sich aber hervorragend für Hochleistungsschneiden. Aus diesem Grund wird er einzeln oder in Kombination mit einem ähnlich leistungsfähigen Stahl als Mittellage für Messerklingen verwendet.

6.3.3 Kugellagerstahl 1.3505 (100Cr6)

Auch dieses Material bildet ein sehr feines Gefüge und eignet sich deshalb für High-end-Schneiden. Die Kombination mit Feilenstahl ergibt einen „Hochleistungs"-Damast, der aus zwei hervorragenden Stahlsorten besteht. Für eine umfangreiche Betrachtung der Vorteile dieser Werkstoffe für bestimmte Einsatzzwecke sei ein weiteres Mal auf das Buch „Messerklingen und Stahl" von Roman Landes verwiesen.

6.3.4 Federstahl 1.5026 (55Si7)

Dieser Werkstoff ist nicht besonders gut für Schweißverbunddamast geeignet. Seine Schweißbarkeit ist unterdurchschnittlich.

6.3.5 Baustahl 1.0037 (S235, früher St37)

Aufgrund des sehr geringen C-Gehalts liegt der Schweißtemperaturbereich dieses Stahls sehr hoch, was zu Problemen bei der Kombination mit hochkohlenstoffhaltigen Werkstoffen führt. Das Material lässt sich nicht härten und hat auch eine eher indifferente Färbung nach dem Ätzen. Seine Vorteile sind die breite Verfügbarkeit und der niedrige Preis, außerdem auch die Tatsache, dass dieser Stahl sehr gutmütig ist, was eine mögliche Überhitzung betrifft. Allerdings ist er als „Übungsmaterial" wenig empfehlenswert, da man sich beim Wechsel auf Werkstoffe mit höherem Kohlenstoffgehalt an einen völlig anderen Temperaturbereich gewöhnen muss.

6.3.6 WZ-Stahl 1.2796 (75Ni8)

Ein nickellegierter Stahl, dessen Kohlenstoffgehalt dem üblichen „Kontrastpartner" 1.2842 ähnlich ist und somit das Verschweißen dieser Materialien vereinfacht. Durch die Nickelbestandteile ergibt sich dennoch ein markanter Farbkontrast. Leider handelt es sich um eine wenig verbreitete Sorte (nur im „großen" Stahlschlüssel aufgeführt), die kaum in Kleinmengen erhältlich ist.

6.3.7 WZ-Stahl 1.2767 (X45NiCrMo4)

Eine gute Alternative zum 1.2796. Der kräftige Kontrast mit 1.2842 und der für Messerklingen ausreichende C-Gehalt haben diese Werkstoffkombination sehr beliebt gemacht. Sein Chromgehalt (etwa 1,3 %) erschwert das Feuerschweißen ein wenig. 1.2767 ist kein besonders gängiges Material, so dass man eine kleine Auswahl von Lieferformen und hohe Kosten in Kauf nehmen muss.

6.3.8 Reinnickel 2.4060

Wenn ein besonders kräftiger Kontrast erzielt werden soll und nicht alle Bestandteile gehärtet werden müssen (zum Beispiel für Schmuckanwendungen oder Dekordamast, der in Deckschichttechnik auf die Schneidlage einer Klinge aufgebracht wird), ist Nickel hervorragend geeignet. Es wird (fast) nicht von der Säure angegriffen und behält auch bei langer Ätzdauer seinen hellen, metallischen Glanz.

Werkstoffkombinationen

Die folgenden Werkstoffkombinationen für unterschiedliche Verwendungszwecke haben sich in der Praxis bewährt. Sie sind in aufsteigendem Schwierigkeitsgrad geordnet.

1.2842 + 1.2796	1.2842 + 1.2767	1.2842 + Nickel	1.2206 + 1.3505
+ guter Schwarz-Silber-Kontrast	+ kräftiger Schwarz-Silber-Kontrast	+ extremer Schwarz-Silber-Kontrast	+ für Hochleistungs-schneiden geeignet
+ Schweißbarkeit gut	– Schweißbarkeit mäßig	– nicht für Schneiden geeignet (Dekordamast)	– schwierige Verarbeitung
			– schwacher Kontrast

Damast aus 1.2842 und 1.2796.

Wärmequellen

Um das Damastpaket auf Schweißtemperatur zu erhitzen – und später auch für die Wärmebehandlung (Weichglühen, Härten, Anlassen) des Werkstücks – wird eine Wärmequelle benötigt. Die drei gängigsten Varianten werde ich im Folgenden mit ihren Vor- und Nachteilen beschreiben.

7.1 Kohlefeuer

Diese traditionelle und über Jahrtausende exklusiv verwendete Wärmequelle gehört zur Grundausstattung der meisten Schmieden. Sie kann mit ein wenig Sachverstand aus Schrottmaterial mit geringen Kosten selbst gebaut werden. Das Unterhalten eines sauberen und gleichmäßigen Feuers bedarf einiger Übung. Während des Erhitzens muss ständig Kohle nachgefördert, umgeschichtet und gegebenenfalls mit Wasser benetzt werden. Die Wärme eines Kohlefeuers kann bei entsprechender Erfahrung sehr gezielt eingesetzt werden, sowohl punktuell als auch flächig.

Um die für das Feuerschweißen nötige Wärme in kürzerer Zeit zu erreichen, empfiehlt sich die Verwendung von Seitenwänden oder sogar eines Tunnels neben beziehungsweise über der Feuerstelle. Diese Abschirmung reduziert den Wärmeverlust und erlaubt die Verwendung eines kleineren Feuers (und senkt somit den Verbrauch von Brennmaterial). Sie kann aus Schamottsteinen, Beton oder im einfachsten Fall einem gewölbeartig gebogenen Blech bestehen. Sie sollte so groß dimensioniert werden, dass das Pflegen des Feuers noch ohne Verrenkungen möglich ist.

Das Feuer sollte beim Feuerschweißen sehr „sauber" gehalten werden, das heißt frische Kohle darf auf keinen Fall direkt an das Werkstück gelangen, ohne zuvor in den Randbereichen des Feuers ihren Schwefelanteil abzugeben. Zudem sollte nach jeder Schweißung das Feuer von Schlacke und Flussmittelnestern befreit werden. Danach kann man bei Bedarf frische Kohle zugeben und das Feuer wieder sauber brennen lassen.

Noch mehr als beim normalen Schmieden sollte das Feuer beim Feuerschweißen mittels Wasser unter Kontrolle gehalten werden. Durch regelmäßiges Benetzen der Randbereiche wird die Glut auf den benötigten Bereich begrenzt. Dadurch wird der Verbrauch an Brennmaterial drastisch reduziert und das Auflodern eines Riesenfeuers vermieden. Letzteres behindert die Sicht auf das Werkstück und seine Glühfarbe und macht die Arbeit durch die abgestrahlte Hitze unnötig schweißtreibend.

Als Brennmaterial kann Schmiedekohle, Holzkohle oder Koks verwendet werden. Holzkohle verbrennt sauberer als die anderen Brennstoffe, aber der Verbrauch ist relativ hoch. Einige Damastschmiede verwenden ein Gemisch aus etwa einem Drittel Holzkohle und zwei Dritteln Schmiedekohle.

Die präzise Wärmebehandlung von Werkstücken im Kohlefeuer erfordert viel Sorgfalt, diverse Hilfsvorrichtungen und vor allem große Erfahrung. Der Aufwand und das Fehlschlagrisiko steigen exponentiell zur Größe des Werkstücks an.

Kohlefeuer

Plus

- geringe Anschaffungskosten
- präzise Wärmeführung
- geringe Vorwärmzeit

Minus

- Größe des Schweißbereichs eng begrenzt
- Feuerpflege aufwändig
- Wärmebehandlung schwierig
- qualmt & stinkt (zur Freude der Nachbarn!)
- Rückstände

Die Kohleesse ist die traditionelle Wärmequelle des Schmieds.

7.2 Gasesse

Eine Gasesse besteht meist aus einem Metallzylinder, der mit Schamott, Keramikwolle und/oder Ofenmörtel von innen gedämmt ist und mit einem oder mehreren nebeneinander hineinragenden (Propan-)Gasbrennern befeuert wird. Um höhere Temperaturen zu erreichen, kann die Gasflamme mit eingeblasener Zuluft angeheizt werden.

Auch eine Gasesse kann man mit vertretbarem Aufwand selbst bauen. Da hier aber mit unter Druck stehendem, leicht entzündlichem Gas hantiert wird, ist entsprechend mehr Vorsicht und Sachverstand nötig als beim Eigenbau einer Kohleesse. Im Internet ist eine Vielzahl von mehr oder weniger detaillierten Anleitungen zu diesem Thema zu finden.

Durch die separate Regelung der Gas- und Luftzufuhr kann die Atmosphäre im Innern des Brennraums eingestellt werden. Durch das Einrichten einer schwach reduzierenden Atmosphäre (fettes Gemisch) wird die Oxidation der Werkstücke auf ein Minimum reduziert. Die Esse braucht allerdings eine gewisse Vorwärmzeit, bis die Dämmung eine konstante Temperatur erreicht hat. Die Feineinstellung der Atmosphäre sollte erst nach Erreichen der Betriebstemperatur erfolgen. Anhand einer eventuell vorhandenen Flamme vor dem Brennraum kann man erkennen, was für eine Atmosphäre in der Esse herrscht:

Blaue Flamme = mageres Gemisch (zu viel Sauerstoff)

„keine“ Flamme = ausgewogenes Gemisch

„lodernde“ gelbe Flamme = fettes Gemisch (zu wenig Sauerstoff)

Eine Feuerpflege wie beim Kohlefeuer ist bei einer Gasesse nicht erforderlich. Ist die Stärke der Flamme (also die Temperatur) und die Atmosphäre einmal eingestellt, kann man ohne weiteren Aufwand arbeiten. Das Erwärmen erfolgt fast gleichmäßig im ganzen Brennraum. Eine punktuelle Wärme wie beim Kohlefeuer ist mit einer Gasesse nicht zu erzielen. Das wiederum hat Vorteile: Eine Gasesse ist besser zur Wärmebehandlung des fertigen Werkstücks geeignet. Zudem wird die für das Ausrecken des Werkstücks benötigte Zeit verringert, da das Paket auf ganzer Länge und nicht abschnittsweise erwärmt wird.

Beim Verbrennen großer Mengen von Propan entstehen entsprechend viel CO_2 und Wasser. Daher sollte die Belüftung gut sein (am besten im Freien arbeiten) und die Nähe zu rostempfindlichen Objekten (Maschinen, Werkzeugen etc.) vermieden werden.

Gasesse

Plus

- relativ geringe Anschaffungskosten
- geringe Oxidation der Werkstücke
- geringe Betriebskosten
- wenig aufwändige Feuerführung
- für Wärmebehandlung mit Einschränkungen geeignet

Minus

- längere Vorwärmzeit
- keine punktuelle Wärme
- Gefahrenpotenzial

Eine selbstgebaute Gasesse.

Foto: Achim Wirtz

7.3 Elektrischer Ofen

Ein elektrischer Ofen mit einigermaßen präziser Thermostatsteuerung ermöglicht ein sehr gezieltes Erwärmen der Werkstücke ohne die Gefahr der Überhitzung. Aus diesem Grund können ohne Risiko mehrere Pakete gleichzeitig erwärmt und bearbeitet werden, was die benötigte Zeit drastisch reduziert. Wie bei der Gasesse wirkt sich die vollständige Erwärmung des Pakets auch positiv auf die Bearbeitungsdauer beim Ausrecken aus.

Nachteilig sind die üblicherweise sehr lange Vorwärmzeit sowie die langsame Erwärmung der Werkstücke, was eine stärkere Oxidbildung zur Folge hat. Auch beim Elektroofen kann keine punktuelle Wärme erreicht werden. Man muss zudem sorgfältig darauf achten, dass das Flussmittel nicht in Kontakt mit den Heizspiralen des Ofens kommt, da diese von den aggressiven Chemikalien zerfressen werden.

Weiterhin sind die Anschaffungskosten eines ausreichend großen Elektroofens recht hoch. Zudem sind nicht alle Ofenmodelle auf die benötigten Temperaturen von bis zu 1200°C ausgelegt.

Elektrischer Ofen

Plus

- gleichmäßige und präzise Erwärmung der Werkstücke
- keine Gefahr einer Überhitzung
- mehrere Pakete können gleichzeitig erwärmt werden
- keine Umweltbelastung und Rückstände
- für Wärmebehandlung gut geeignet

Minus

- hohe Anschaffungskosten
- relativ hohe Betriebskosten
- vermehrte Oxidbildung
- keine punktuelle Wärme

Ein elektrischer Ofen hat verschiedene Vor- und Nachteile gegenüber den Essen mit offenem Feuer.

Kraftquellen

8.1 Handhammer

Die (klassische) Methode des Schmiedens mit einem Handhammer ist anstrengend und zeitaufwändig, aber zugleich sehr präzise und gut kontrollierbar. Durch die (verglichen mit einem Maschinenhammer) leichten Schläge wird das Damastpaket beim Schweißen nur wenig dünner, was vorteilhaft ist, wenn man für das spätere Objekt einen dicken Ausgangsquerschnitt benötigt.

Da es wegen des schnellen Erkaltens des Stahls auf Geschwindigkeit ankommt, sollte man einen eher leichten Hammer (1,0-2,0 kg) wählen, mit dem eine Serie von schnellen, gezielten Schlägen möglich ist. Bewährt hat sich eine relativ ballige Bahn, da diese den Druck vorteilhaft verteilt (Schlacke und Flussmittel werden von der Mitte zu den Rändern gedrückt).

Die Schläge sollten überlappend gesetzt werden und die gesamte Fläche des Pakets bedecken. Man fängt an einem Ende an (beliebig) und arbeitet sich die Länge des Pakets entlang, wobei das Paket unter Umständen zwischendurch wieder auf Schweißtemperatur erwärmt werden muss.

Sofern ein Maschinenhammer vorhanden ist, sollte diesem die Hauptarbeit überlassen werden. Diffizile und punktuelle Schweißungen sowie das Nachschweißen von Fehlern und Delaminationen (offenen Spalten zwischen den Lagen) kann man dagegen sehr gut und kontrollierbar mit dem Handhammer durchführen.

8.2 Maschinenhammer

Das Feuerschweißen mit einem Feder- oder Lufthammer erfordert ein wenig Übung, spart aber eine Menge Zeit und Kraft. Während die Maschine beim eigentlichen Verschweißen noch nicht den entscheidenden Vorteil hinsichtlich der Dauer bringt, wird dieser beim Ausrecken des Pakets deutlich. Das Ausrecken ist bei der Erhöhung der Lagenzahl ein immer wiederkehrender Arbeitsschritt.

Die Form der Gesenke sollte in einer Richtung leicht ballig sein. Man muss darauf achten, dass die Gesenke passgenau aufeinander liegen. Eine durch Abnutzung bedingte Delle in der Mitte kann zu unverschweißten „Blasen“

Schmieden mit dem Handhammer ist sehr gut kontrollierbar und vielseitig, aber anstrengend.

im Paket führen, da sich die Ränder zuerst verbinden und das Austreten des Flussmittels verhindert wird.

Zusammenfassend kann man sagen: Ein Maschinenhammer bringt nicht zwangsläufig bessere Schweißungen hervor, bedeutet aber eine drastische Zeitersparnis.

8.3 Hydraulikpresse

Eine hydraulische Presse hat gegenüber den beiden eben genannten Verfahren verschiedene Vor- und Nachteile. Da sie ihre Kraft relativ langsam in das Werkstück einbringt, sind die Gesenke lange in Kontakt mit der Oberfläche des Pakets, was einen schnellen Wärmeverlust (besonders der Decklagen) zur Folge hat. Dieses Problem ist bei dünnen Lagen markanter als bei dicken. Um eine erfolgreiche Schweißung durchzuführen, sollten die Gesenke der Presse daher vorgewärmt werden. Das kann mit einem Stahlklotz erfolgen, der erwärmt und vor der eigentlichen Schweißung einige Minuten lang mit der Presse eingeklemmt wird. Eine weitere Möglichkeit, den Wärmeverlust einzudämmen, können Gesenke oder Zwischenlagen aus einem Material mit geringer Wärmeleitung (wie zum Beispiel Titan) sein.

Auch bei der Hydraulikpresse sollte mindestens eines der Gesenke leicht ballig ausgeführt sein, um eine Blasenbil-

Ein Maschinenhammer spart viel Zeit und Kraft, führt aber nicht zwangsläufig zu besseren Schweißungen.

dung durch Verschweißen der Randbereiche zu vermeiden (siehe dazu auch Abschnitt 11.7).

Eine Hydraulikpresse eignet sich hervorragend für den Arbeitsschritt des „Packens“ vor der eigentlichen Schweißung (siehe 11.3). Wenn die Lagen flächig aufeinandergepresst werden, wird ein Großteil des Flussmittel-Oxidgemischs dabei schon ausgedrückt.

8.4 Weitere Möglichkeiten

Neben den drei vorgestellten Kraftquellen können auch andere, weniger verbreitete Verfahren verwendet werden. Eine davon ist die Exzenterpresse. Sie ähnelt im Prinzip einem Maschinenhammer, die Kraft wird aber ungefedert in das Werkstück eingebracht. Durch eine große Schwungmasse und eine entsprechende Untersetzung sind sehr hohe Kräfte möglich. Abhängig von der Konstruktion einer solchen Presse muss aber der Abstand der Gesenke stets (ungefähr) auf die Materialstärke eingestellt werden, was möglichst vor dem Erwärmen des Werkstücks auf Schmiedetemperatur erfolgen sollte, um im entscheidenden Moment keine Zeit zu verschwenden.

Mit einer Schmiedewalze können ebenfalls Feuerschweißungen durchgeführt werden. Wie auch bei der Exzenterpresse ist dabei die Eignung stark von der Konstruktion und dem Antrieb der Walze abhängig. Noch genauer als bei der Exzenterpresse muss die Maschine auf die Materialstärke des Werkstücks eingestellt werden.

Eine hydraulische Presse ist gut zu steuern und geräuscharm.

Hilfsmittel

9.1 Flussmittel

Für eine erfolgreiche Feuerschweißung wird ein Flussmittel benötigt, das zum einen entstandene Oxidschichten löst und darüber hinaus eine Hülle aus glasiger Schmelze bildet, die das Paket vor Sauerstoffkontakt und somit weiterer Oxidbildung schützt. Das Flussmittel schmilzt auf der Metalloberfläche und dringt durch Kapillarwirkung zwischen die Lagen des unverschweißten Pakets, wo es die Oxide anlöst. Beim „Packen“ (siehe 11.3) und späteren Verschweißen wird das Flussmittel zusammen mit den gelösten Oxiden zwischen den Lagen herausgedrückt.

Welches Flussmittel verwendet werden sollte, ist eine kontroverse Frage. Diverse Quellen vertreten zum Teil sehr unterschiedliche Meinungen zu dieser Problematik. Generell kann aber gesagt werden, dass die Auswahl von der Schweißtemperatur und damit vom Kohlenstoffgehalt der verwendeten Materialien abhängt.

9.1.1 Quarzsand (Siliziumdioxid SiO_2)

Das klassische Flussmittel ist Quarzsand, der aber einen sehr hohen Arbeitstemperaturbereich hat und daher nur beim Verschweißen von Baustahl und anderen Materialien mit geringem Kohlenstoffgehalt verwendet werden sollte.

9.1.2 Borax (Di-Natriumtetraborat $Na_2[B_4O_5(OH)_4]$)

Für Werkzeugstähle mit höherem Anteil von Kohlenstoff und anderen Legierungsbestandteilen hat sich Borax bewährt. Da Borax dazu neigt, Wasser aus der Luft aufzunehmen, was für die Schweißung nachteilig ist, sollte es möglichst unter Luftabschluss gelagert werden. Borax ist im Goldschmiedebedarf oder in größeren Mengen im Agrarbedarf erhältlich.

Borax ist als Pulver oder Granulat erhältlich. Es sollte trocken und unter Luftabschluss gelagert werden.

Eisen-(III)-Chlorid muss vor der Verwendung mit Wasser angemischt werden. Es sollte unter Luftabschluss gelagert werden.

9.1.3 Mischungen und Additive

In verschiedenen Quellen wird eine Mischung aus zehn Teilen Borax und einem Teil Salmiak (Ammoniumchlorid, NH_4Cl) empfohlen. Bei schwierigen Schweißungen, die aus technischen Gründen nicht mittels Lichtbogenschweißen fixiert werden können oder viele Poren enthalten (zum Beispiel Sägeketten), kann das Flussmittel im Verhältnis 1:1 mit Baustahl-Feilung gemischt werden, was in der Anwendung wie ein leichter „Kleber“ wirkt.

9.2 Ätzmedien

9.2.1 Eisen(III)-Chlorid ($FeCl_3$)

Diese Substanz wird gemeinhin zum Ätzen von Leiterplatten und Radierungen verwendet. Es ist verglichen mit Schwefelsäure relativ ungefährlich, und der Ätzvorgang läuft langsamer ab, ist also besser kontrollierbar. Weiterhin braucht es nicht erwärmt werden und hält recht lange. Kupfer und seine Legierungen sollten nicht mit dem Ätzbad in Kontakt kommen, da sich sonst eine Kupferschicht auf allen nachfolgend geätzten Eisenwerkstoffen niederschlägt.

Die Substanz ist als Granulat erhältlich. Ein praxistaugliches Mischungsverhältnis ist ein Teil $FeCl_3$ auf drei Teile Wasser. Je nach verwendeten Materialien und gewünschter Relieftiefe kann eine Ätzung mit Eisen(III)-Chlorid zwischen fünf und 45 Minuten dauern. Beziehen kann man Eisen(III)-Chlorid im Elektronik- oder Künstlerbedarf-Fachhandel.

9.2.2 Schwefelsäure (H_2SO_4)

Schwefelsäure mit einer Konzentration von etwa 30 bis 40 Prozent eignet sich für das Ätzen von Damast und kann als Auto-Batteriesäure bezogen werden. Sie kann im Wasserbad auf rund 50°C erwärmt werden. Das Ätzen erfolgt sehr viel schneller als mit $FeCl_3$: Eine Ätzdauer von 30 bis 120 Sekunden ist bei der Verwendung von frischer, erwärmter Säure in den meisten Fällen ausreichend. Die Säure verliert relativ schnell an Wirkung und muss dann erneuert werden.

Aufgrund der entstehenden Dämpfe sollte das Ätzen mit Schwefelsäure nur bei guter Belüftung (im Freien) erfolgen. Schwefelsäure kann im Autozubehör-Handel bezogen werden. Verbrauchte Säure muss als Sondermüll entsorgt werden.

9.2.3 Zitronensäure ($C_6H_8O_7$)

Diese relativ schwache und ungefährliche Säure findet üblicherweise im Haushalt (zur Entkalkung) Verwendung. Ähnlich wie Schwefelsäure auf rund 50°C erwärmt, kann sie zum Ätzen von Damast verwendet werden. Sie bringt allerdings nur einen Farbkontrast hervor. Tiefe Reliefätzungen sind mit Zitronensäure nicht möglich. Zitronensäure ist zum Beispiel in Drogeriemärkten erhältlich.

Batteriesäure kann ohne weitere Verdünnung zum Ätzen von Damast verwendet werden.

Zitronensäure ist einfach erhältlich und relativ ungefährlich. Allerdings eignet sie sich nicht für Reliefätzungen.

Vorbereiten des Pakets

Bevor mit der Feuerschweißung begonnen werden kann, sind einige Vorbereitungen notwendig. Sie erleichtern das spätere Arbeiten und sind für eine fehlerfreie Verbindung der Materialien unumgänglich.

10.1 Größe des Pakets

Die maximale Paketlänge, die ohne zusätzlichen Aufwand zu bearbeiten ist, beträgt etwa 100 Millimeter. Bei dieser Länge kann man (mit einem Maschinenhammer) das ganze Paket in einem Arbeitsgang verschweißen, bevor die Temperatur zu weit abfällt. Zudem ist es bei Verwendung eines Kohlefeuers schwierig, längere Pakete gleichmäßig zu erwärmen. Dieses Problem ist bei Gasessen oder Elektroöfen nicht vorhanden, der Schweißvorgang selbst sollte aber bei längeren Paketen in jedem Fall in mehreren, einander überlappenden Schritten erfolgen, wobei zwischendurch immer wieder auf Schweißtemperatur erwärmt wird. Sehr kurze Pakete (weniger als 60 mm) sind zwar problemlos zu bearbeiten, da aber in der Länge meist ein gewisser Verlust auftritt (siehe Abschnitt 13.3), sollten sie lang ausgeschmiedet werden.

Um genug Material für größere Objekte zu bekommen, können mehrere Pakete erzeugt und bei der letzten Fal-

Vorbereitete Stücke von Flachmaterial für ein Laminatpaket.

tung zusammengeschweißt werden. Damit beschränkt sich das mühsame „Schritt-für-Schritt"-Verfahren auf einen Schweißvorgang.

Je breiter das Paket wird, desto größer ist die Gefahr, dass sich zuerst die Ränder verbinden und in der Mitte unverschweißte Blasen entstehen. Bei schmaleren Paketen ist dieses Problem kaum vorhanden, aber man hat natürlich weniger Material. In der Praxis hat sich eine Breite von 30 bis 40 Millimetern als guter Kompromiss herausgestellt. Dieses Maß sollte auch für weitere Schweißungen nach der ersten eingehalten werden. Naturgemäß wird das Paket beim Ausrecken auch ein wenig breiter – das sollte korrigiert werden, bevor man es für eine weitere Schweißung faltet oder zerteilt.

Die Pakethöhe sollte ungefähr der Breite entsprechen, um eine gleichmäßige Erwärmung zu erleichtern. Wenn nötig, sollte man eher eine größere Höhe wählen (also mehr Lagen), als das Paket breiter oder länger zu machen. Besonders bei der Verwendung eines Maschinenhammers ist das Verschweißen dickerer Pakete aufgrund der Schlagkraft nicht problematisch. Der für die Praxis sinnvolle Maximalwert liegt bei etwa 60 Millimetern.

Praxis-Tipp

- Länge des Pakets 60-100 mm
- Breite des Pakets 30-40 mm
- Höhe des Pakets 30-60 mm

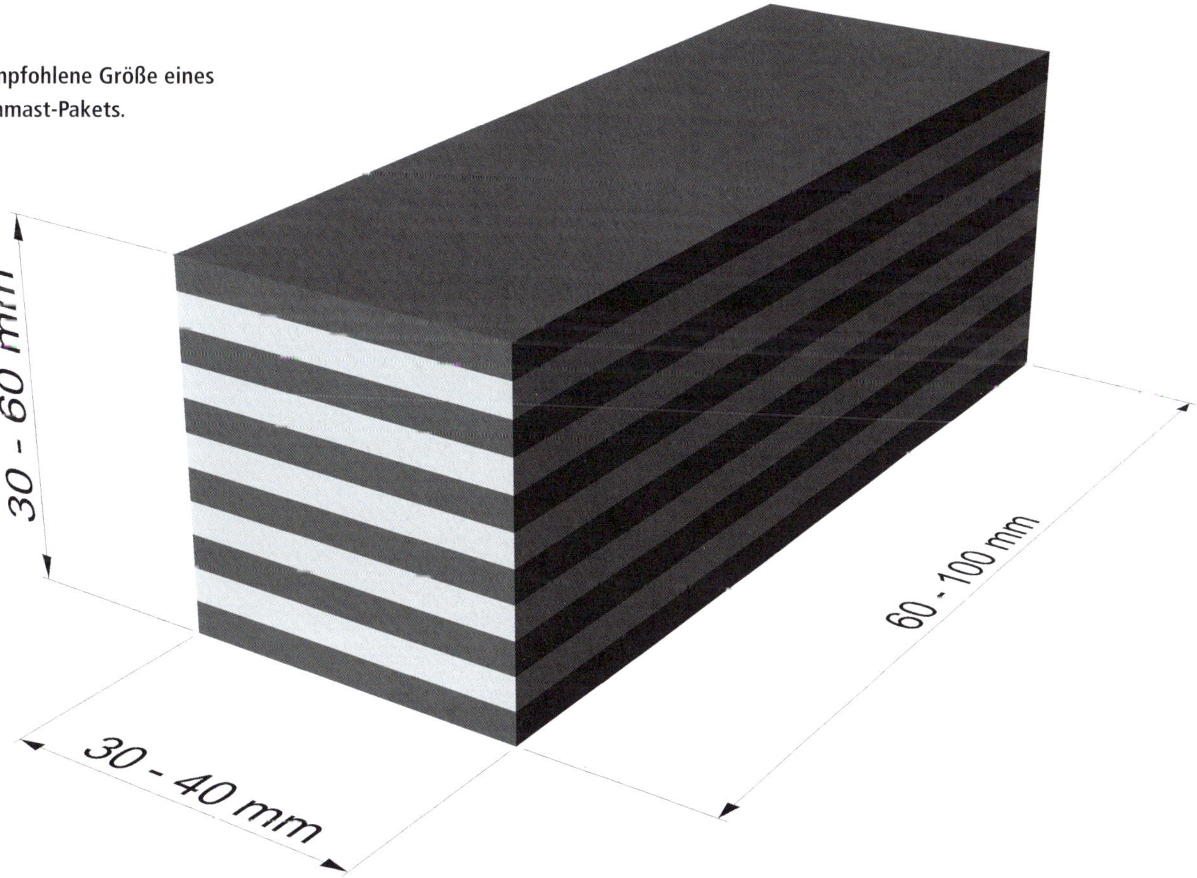

Empfohlene Größe eines Damast-Pakets.

10.2 Lagenzahl und -anordnung

Um die Probleme beim Erwärmen möglichst zu vermeiden, sollte ein symmetrischer Aufbau gewählt werden, also eine ungerade Lagenzahl mit Decklagen aus dem gleichen Material. Wenn die Lagenzahl durch Vervielfältigung (siehe Abschnitt 13) erhöht werden soll, ist es sinnvoll, das Material mit dem geringsten Chromgehalt nach außen zu nehmen, da somit die Gefahr von Fehlern bei den nachfolgenden Schweißungen verringert wird. Da beim späteren Stapeln auf diese Weise in jedem Fall der chromarme Stahl außen ist, kann bei folgenden Schweißungen auch eine gerade Anzahl von Stücken verwendet werden.

Zwei Schichten aus Reinnickel lassen sich nicht miteinander verschweißen. Daher sollte man diese nicht als Decklage verwenden, wenn man die Lagenzahl danach noch durch Falten oder Stapeln erhöhen will. Bei dieser Vorgehensweise zum Erhöhen der Lagenzahl werden immer zwei Lagen des gleichen Materials verschweißt, wodurch sich optisch eine dickere Lage bildet, die eventuell das Muster stört. Je weniger Lagen das Paket am Anfang hat, desto dichter liegen diese Zonen beieinander. Ab einer gewissen Lagenzahl (also entsprechend dünnen Lagen) ist die Differenz der Schichtdicken nicht mehr auffällig.

Soll dieser Effekt um jeden Preis vermieden werden, muss ein Aufbau mit gerader Lagenzahl und somit unterschiedlichen Decklagen gewählt werden. Außerdem kann die Lagenzahl bei diesem Aufbau nur durch Stapeln, nicht durch Falten gesteigert werden. Dabei muss man darauf achten, dass die Stücke beim Stapeln alle die gleiche Orientierung behalten – am besten markiert man vor dem Zerteilen eine Längskante des Pakets (siehe auch Abschnitt 13).

Die Dicke der einzelnen Lagen ist in den meisten Fällen durch die Dimensionen der verfügbaren Halbzeuge vorgegeben. Dabei macht es technisch keinen Unterschied, welche Dicke man verwendet, solange die Decklagen nicht zu dünn (unter 1,5 mm) sind. Je dünner die einzelnen Lagen sind, desto langsamer sollte das Paket erwärmt werden, um Verwerfungen durch eine unterschiedliche Ausdehnung gering zu halten.

Es ist nicht zwingend notwendig, dass alle Lagen die gleiche Dicke aufweisen. Im Gegenteil: Es kann für bestimmte Muster reizvoll sein, beispielsweise dünne Lagen eines Nickel-Stahls mit dicken Lagen aus Mangan-Stahl zu kombinieren. Das ergibt feine, glänzende Linien in einer schwarzen Fläche.

Verschiedene Möglichkeiten des Aufbaus eines Laminat-Pakets. Links: symmetrischer Aufbau, rechts: asymmetrischer Aufbau.

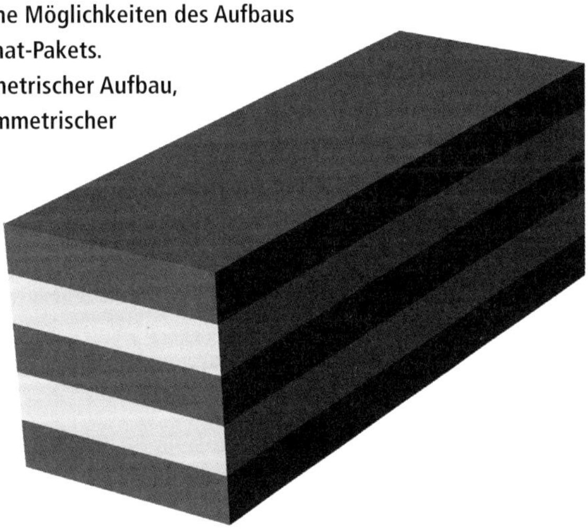

Innerhalb dieser Möglichkeiten ist die Zahl der anfänglich verwendeten Lagen natürlich abhängig davon, wie viele das Paket am Ende haben soll. Eine Hilfestellung zu dieser Frage wird in Abschnitt 13 gegeben.

Praxis-Tipp

- Ungerade Lagenzahl, symmetrischer Aufbau
- Stahl mit niedrigerem Cr-Gehalt als Decklage
- Lagendicke über 2,0 mm
- Gesamtdicke des Pakets 30-60 mm

10.3 Vorbereitung der Oberflächen

Die Oberfläche der zu verschweißenden Flächen sollte auf jeden Fall metallisch blank (also frei von Zunderschichten und groben Verunreinigungen) und wenn möglich auch plan sein. Letzteres ist nach der ersten Schweißung schwierig zu erreichen, ohne die obersten Schichten teilweise abzuschleifen, was sich später als Fehler im Muster bemerkbar macht.

Prinzipiell kann die Oberfläche mittels Schleifen oder Sandstrahlen blank gemacht werden. Wenn es möglich ist, plangeschliffene Flächen zu erzeugen, ist das dem Sandstrahlen in jedem Fall vorzuziehen, da die Wahrscheinlichkeit von Schweißfehlern sinkt.

Bei Flachprofilen oder Blechstreifen als Ausgangsmaterial empfiehlt es sich, den Stahl erst blank zu schleifen und dann zu zerteilen, damit man ihn besser halten kann. Es sollte ein scharfes, relativ grobes Band (Körnung 60-80) verwendet werden. Muss man bereits geteilte Stücke schleifen, sollte (besonders bei dünnem Material) der Spalt zwischen Anschlag und Schleifband mit Hilfe einer aufgelegten Holzplatte verkleinert werden. So lässt sich vermeiden, dass die Teile sich in der Schleifmaschine verklemmen. Mit Magneten (zum Beispiel von Lautsprechern) als „Handgriffe" lassen sich die Platten auch gut ohne Anschlag auf einer Planfläche schleifen. Die Rauheit der Oberfläche durch Schleifriefen ist nicht störend. Im Gegenteil: Sie begünstigt das Ausschwemmen von Oxiden durch das Flussmittel. Um diesen Effekt zu unterstützen, sollten die Stücke in Querrichtung oder diagonal geschliffen werden.

Da nach dem ersten Schweißvorgang die Oberfläche des Pakets in den seltensten Fällen vollkommen plan ist, besteht die Gefahr, beim Schleifen einzelne Lagen partiell abzutragen. Bei sehr dünnen Lagen ist das praktisch unvermeidlich. Bei wildem Damast sind die entstehenden „Fehler" dem Gesamtbild nicht unbedingt abträglich. Bei Mustern, deren Reiz in ihrer Exaktheit liegt, sollte man nach der ersten Schweißung auf das Schleifen verzichten. Statt dessen kann die Oberfläche durch Sandstrahlen von Oxiden befreit werden. Das sollte sehr gründlich erfolgen. Vor allem nickelhaltige Stähle neigen zur Bildung einer hartnäckigen Oxidschicht, deren Entfernung durch Sandstrahlen mühsam ist.

Eine weitere Methode zum Entfernen der Zunderschicht ist das Einlegen der Stahlstücke in Essigessenz. Dieser Vorgang nimmt jedoch je nach Dicke der Zunderschicht einige Stunden in Anspruch und sollte daher am besten über Nacht erfolgen.

Praxis-Tipp

- Vor der ersten Schweißung das Ausgangsmaterial (Flachprofil) am Bandschleifer (K80) in Querrichtung oder diagonal plan und blank schleifen.
- Vor allen weiteren Schweißungen das Paket so glatt und plan wie möglich schmieden und dann sandstrahlen.
- Um Zeit einzusparen, kann bei den Decklagen auf das Bearbeiten der Außenseite verzichtet werden.

Das Blankschleifen von Flachmaterial ist vor dem Zerteilen am einfachsten. Es sollte diagonal geschliffen werden.

Müssen kleine Stücke geschliffen werden, empfiehlt es sich, sie mit Magneten festzuhalten.

Mit dem Winkelschleifer wird das Profil in gleichlange Stücke geteilt.

Die Oberfläche kann auch durch Sandstrahlen metallisch blank gemacht werden.

10.4 Fixierung & Handgriff

Die einzelnen Lagen müssen nun zu einem Paket gestapelt und fixiert werden. Die in einigen Quellen empfohlene Verwendung von Bindedraht (nach alter Väter Sitte) ist unnötig umständlich, sofern man Zugriff auf ein Lichtbogenschweißgerät hat. Das Heften hat zwar den Nachteil, dass ein Teil des Materials verschmilzt und eine gewisse Menge deshalb abgeschnitten werden muss, aber die Arbeitserleichterung wiegt diesen Verlust mehr als auf. Erfahrungsgemäß ist die Qualität der Schweißung in den meisten Fällen an den Enden des Pakets am schlechtesten. Wenn man die Enden vor dem erneuten Stapeln kappt, sinkt die Gefahr, dass die Lagen delaminieren (es gibt keine Fugen, die eine Rissbildung begünstigen).

Um das Paket gut handhaben zu können, empfiehlt es sich, einen Handgriff anzuschweißen. Bewährt hat sich ein Flachprofil von etwa 30 mal fünf Millimeter, das diagonal an ein Ende des Pakets geschweißt wird. Das hat gegenüber einem mittig befestigten Rund- oder Vierkantprofil den Vorteil, dass es beim Flachschmieden des Pakets der Diagonale folgt und sich daher nur verdreht, während ein entsprechend dimensioniertes Vierkant- oder Rundprofil durch die Hammerschläge am Ansatz dünner wird und bei Gelbglut nicht mehr die nötige Stabilität aufweist. Ein parallel zu den Lagen angeschweißtes Profil neigt zum Federn, was bei der Bearbeitung unangenehm ist.

Wie lang man den Griff gestaltet, ist von der Arbeitsumgebung (Art der Esse etc.) sowie von persönlichen Vorlieben abhängig. Bewährt haben sich 50 bis 80 Zentimeter. Wird ein Elektroofen zur Erwärmung verwendet, sollte statt dessen ein kurzes Stück (6-8 cm) angeschweißt werden, das man mit einer Zange greifen kann.

Der Stapel wird ausgerichtet und mit einer Schraubzwinge gesichert.

Praxis-Tipp

- Lagen stapeln, bündig ausrichten und das Paket mit einer Schraubzwinge fixieren.
- An einer Stirnseite mittig und senkrecht zur Lagenorientierung eine Heftnaht mit einem MIG/MAG oder Elektrodenschweißgerät ziehen.
- Ein Flachprofil (ca. 600 x 30 x 5 mm) diagonal an die unverbundene Stirnseite anschweißen. Wenn so noch nicht alle Lagen fixiert sind, die Schweißnaht entsprechend bis in die Ecken der Stirnseite verlängern.
- Sind die (Deck-) Lagen des Pakets dünn (weniger als 3,0 mm), statt dessen an allen vier Ecken je eine Naht über alle Lagen ziehen, Griff wie oben befestigen.

Dünne Materialien sollten an allen vier Ecken mit Schweißnähten verbunden werden.

Bei dickeren Stücken ist eine Naht in der Mitte ausreichend.

Sehr dicke Materialien können mit einzelnen Heftpunkten gesichert werden.

Besteht der Handgriff aus Flachmaterial, sollte er diagonal befestigt werden.

Feuerschweißen

Ist das Paket entsprechend vorbereitet, kann mit der eigentlichen Feuerschweißung begonnen werden. Zuvor sollte man sicherstellen, dass alles Benötigte griffbereit ist, da eine Unterbrechung während des Schweißvorgangs äußerst störend ist. Folgendes sollte vorbereitet sein:

- Esse mit sauberem Feuer und auf Temperatur
- Paket vorbereitet und mit Handgriff versehen
- Flussmittel
- Handhammer und (sofern vorhanden) Maschinenhammer mit entsprechenden Gesenken
- Drahtbürste, kleine Feuerschaufel, Wasserwedel
- alle Sicherheitsvorkehrungen

11.1 Vorwärmen des Pakets

Zunächst muss das Paket vorgewärmt, das heißt auf übliche Schmiedetemperatur gebracht werden. Das sollte langsam und gleichmäßig erfolgen. Je dünner die einzelnen Lagen sind, desto mehr Zeit sollte man sich lassen, um Verzug durch unterschiedliche Erwärmung der Schichten zu vermeiden.

Das Paket sollte so ins Feuer gelegt werden, dass die Lagen senkrecht stehen. Das Paket wird dann regelmäßig um 180° gedreht. Wenn sich eine Glühfarbe zu zeigen beginnt, kann schon eine erste Portion Flussmittel aufgetragen werden (siehe 11.2).

Bei moderater Luftzufuhr wird das Paket weiter erwärmt, bis alle Lagen eine hellrote Glühfarbe zeigen (das entspricht etwa 900-950 °C). Dabei muss man beachten, dass die Randlagen sich trotz der senkrechten Orientierung deutlich schneller erwärmen als die mittleren. Eine Überhitzung muss um jeden Preis vermieden werden! Dazu können die Randlagen bei Bedarf durch Benetzen mit Wasser gekühlt werden.

Bei Verwendung einer Gas- oder Elektroesse ist das gleichmäßige Erwärmen einfacher, sofern die Temperatur korrekt eingestellt ist. Man muss aber lange genug warten, bis die Wärme das Paket vollständig durchdrungen hat.

Praxis-Tipp

- Paket mit senkrechter Lagenorientierung ins Kohlefeuer legen.
- Mittlere Luftzufuhr einstellen.
- Paket mit regelmäßigem Wenden um 180° erwärmen, bis alle Lagen eine hellrote Glühfarbe (900-950 °C) zeigen.

Das Paket wird langsam erwärmt, bis alle Lagen Schmiedetemperatur erreicht haben.

11.2 Flussmittel aufbringen

Das Aufbringen des Flussmittels kann durch Streuen mit der Hand oder (gezielter und sicherer) mit einer kleinen Schaufel erfolgen. Es empfiehlt sich, das Flussmittel in einer (feuerfesten!) Schale neben der Esse bereitzustellen, damit es schnell und einfach verfügbar ist. Das Pulver wird auf die Kanten der senkrecht stehenden Lagen geschüttet. Es bildet zunächst Blasen, schmilzt dann zu einer glasigen Schicht und dringt zwischen die Lagen. Nun wird das Paket um 180° gewendet und der Vorgang von der anderen Seite wiederholt. Schließlich ist das Paket vollständig von geschmolzenem Flussmittel umhüllt.

Für ein Paket mittlerer Größe (siehe 10.1) sollte pro Seite etwa zwei bis drei Kubikzentimeter Flussmittel verwendet werden – im Zweifelsfall lieber zu viel als zu wenig.

Praxis-Tipp

- Bei Erreichen der Vorwärmtemperatur Flussmittel von beiden Seiten auf die Längskanten der Lagen aufbringen.
- Ist das Flussmittel geschmolzen und hat das Paket vollständig umhüllt, kann man mit dem „Packen" beginnen.

Mit einer kleinen Feuerschaufel kann das Flussmittel gezielt auf das Paket aufgebracht werden.

11.3 „Packen“

Um schon vor der Schweißung die Spalten zwischen den Lagen zu minimieren und einen vollständigen Flächenkontakt zu erzielen, sollte das Paket bei Schmiedetemperatur verdichtet („gepackt“) werden. Auf diese Weise werden kleinere oberflächliche Unebenheiten und Verzug durch die Erwärmung ausgeglichen.

Das ist besonders dann zu empfehlen, wenn die einzelnen Lagen nicht plangeschliffen wurden, also zumeist bei weiteren Schweißungen zur Erhöhung der Lagenzahl. Bei wirklich planen und dicht aufeinander liegenden Lagen kann auf das Packen verzichtet werden.

Zum Packen wird das Paket mit Setzschlägen eines möglichst schweren Hammers (3-4 kg) übergeschmiedet. Dabei ist darauf zu achten, dass sich nicht ein Ende des Pakets öffnet, wenn das andere bearbeitet wird.

Um zu vermeiden, dass sich beim Verschweißen in der Mitte des Pakets eingeschlossene Blasen bilden, kann

Eine hydraulische Presse eignet sich gut zum „Packen“ des Pakets, da ihr vollflächiger Druck ein Öffnen der Lagen verhindert.

man die Längskanten ein wenig (hier sind ein bis zwei Millimeter ausreichend!) dünner schmieden. Auf diese Weise wirkt die Kraft der späteren Schweißschläge zuerst in der Mitte und drängt Flussmittel und Oxide in Richtung der Kanten.

Eine andere, besonders effektive Methode ist die Verwendung einer hydraulischen Presse, unter deren hohem Druck die Lagen zusammenpresst werden. Durch die vollflächige Last wird ein „Öffnen" des Pakets an einem Ende vermieden.

Praxis-Tipp

- Die Lagen nach Aufschmelzen des Flussmittels bei Schmiedetemperatur mit einer Hydraulikpresse zusammendrücken, bis das Paket anfängt, in der Mitte einen „Bauch" zu bilden.
- Längskanten leicht überschmieden – jeweils auf einem Viertel der Paketbreite um etwa einen Millimeter abflachen. Es ist ausreichend, das von einer Seite zu tun.

Um sicher zu gehen, dass der Druck der Schweißschläge zuerst in der Mitte wirkt, können die Kanten des Pakets abgeschmiedet werden.

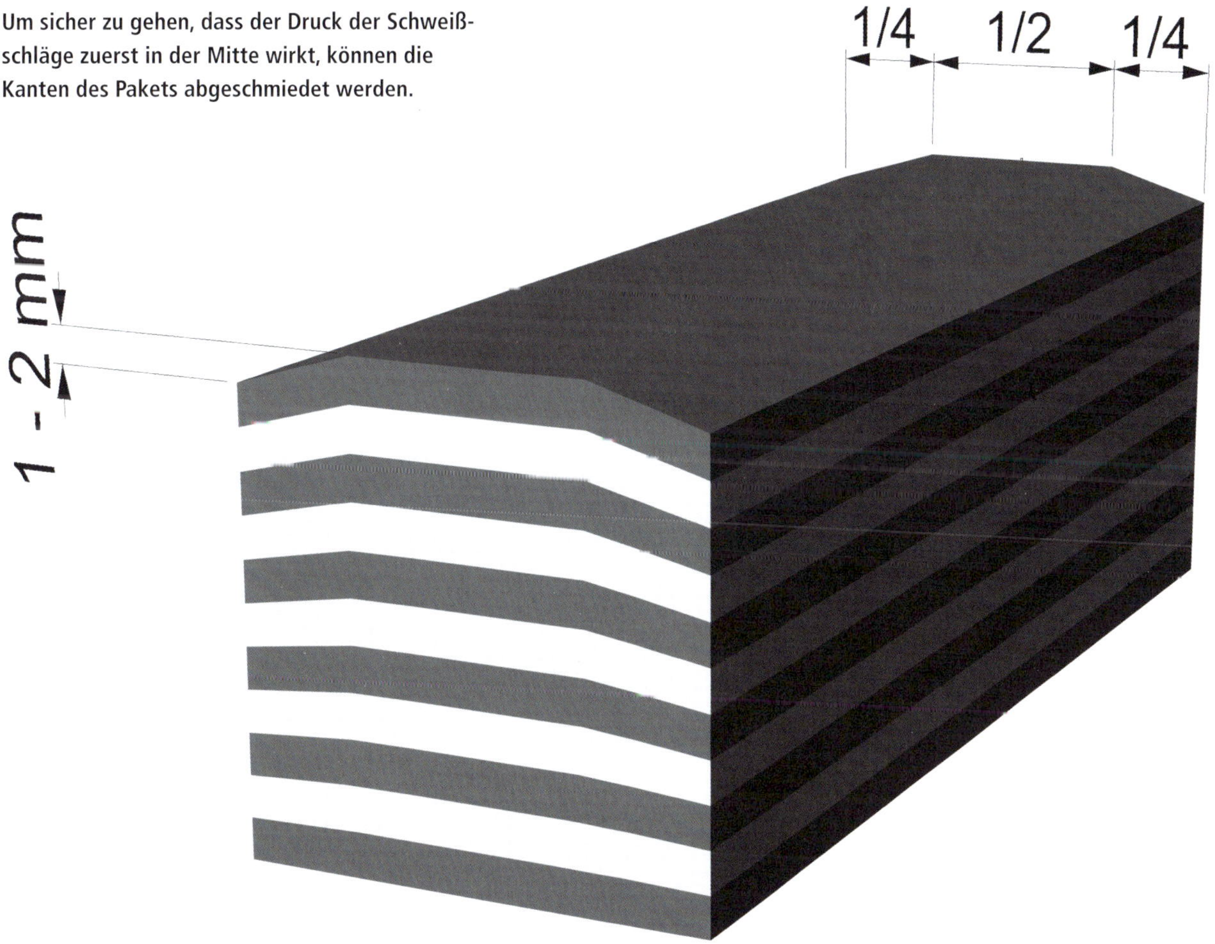

11.4 Auf Schweißtemperatur erwärmen

Das „gepackte“ Paket kann nun auf Schweißtemperatur gebracht werden. Das Optimum liegt je nach Kohlenstoffgehalt des verwendeten Materials zwischen 1050°C (Feilenstahl; 1,45 % C) und 1200°C (Baustahl; weniger als 0,2 % C). Je stärker sich der C-Gehalt der zu verschweißenden Materialien unterscheidet, desto kleiner wird das gemeinsame Temperaturfenster.

Wird das Material überhitzt, beginnt der Kohlenstoff zu verbrennen, was an heraussprühenden, fein verzweigten Funken („Wunderkerze“) zu erkennen ist. Das muss auf jeden Fall vermieden werden, da die damit verbundene Entkohlung die Leistungsfähigkeit des Stahls mindert und das Material bei stärkerer Überhitzung Risse bildet.

Ein nur leicht überhitztes Paket (Glühfarbe hellgelb bis gelbweiß und vereinzelte Funken), kann unter Umständen gerettet werden, indem man es einige Sekunden erkalten lässt (bis keine Funken mehr absprühen), bevor man mit der Bearbeitung beginnt. So kann eine Rissbildung eventuell vermieden werden.

Eine richtige „Wunderkerze“ mit angeschmolzenen Bereichen ist in der Regel verloren. In einem solchen Fall sollte man das Paket erkalten lassen, sorgfältig auf Risse überprüfen (vorher blankschleifen!) und alle schadhaften Bereiche durch Schleifen oder Trennen entfernen, um wenigstens einen Teil des Materials zu retten.

Für die meisten Stahlsorten (C-Gehalt zwischen 0,4 und 1,0 %) ist eine Schweißtemperatur von etwa 1100 °C (dunkelgelbe Glühfarbe) sinnvoll. Ein gutes Indiz für diese Temperatur ist eine „spiegelnde“ Oberfläche des Flussmittels.

Wichtig ist, dass die Temperatur auch in der Mitte des Pakets erreicht ist. Das ist bei Gasessen oder Elektroöfen relativ einfach zu erreichen. Die Gaszufuhr oder Temperaturvorwahl wird vorsichtig soweit erhöht, bis das Paket Schweißtemperatur erreicht. Damit diese auch bis in den Kern vordringt, sollte das Paket dann noch ein wenig länger erwärmt werden.

Bei Verwendung eines Kohlefeuers muss das Paket jedoch ständig gedreht werden – nach dem Packen nun immer um 90° statt um 180°. Dabei ist es hilfreich, einen bestimmten Rhythmus einzuhalten, zum Beispiel alle drei Sekunden (abzählen). Kurz vor Erreichen der Schweißtemperatur sollte der Takt auf etwa eine Sekunde beschleunigt werden. Ist die Schweißtemperatur außen am Paket erreicht, kann diese Zone durch Aufsprenkeln von Wasser (während das Paket weiter gedreht wird) etwas gekühlt werden. Dadurch kann die Wärme bis in den Kern vordringen, während die Außenseite wieder auf Schweißtemperatur gebracht wird.

Praxis-Tipp

- Paket mit senkrechter Lagenorientierung, mittlerer Luftzufuhr und gelegentlichem Wenden um 180° erwärmen, bis alle Lagen eine gelbrote Glühfarbe (950-1000°C) zeigen.
- Noch einmal Flussmittel aufbringen und die Luftzufuhr erhöhen. Dann alle drei Sekunden um 90° wenden. Nähert sich die Glühfarbe einem Dunkelgelb an, das Paket nun schneller drehen, etwa im Sekundentakt um 90°.
- Ist die Schweißtemperatur (ca. 1100 °C) außen am Paket erreicht (erkennbar an der dunkelgelben Glühfarbe und einem leichten Spiegeln der Flussmitteloberfläche), unter fortwährendem Drehen das Paket mit Wasser besprenkeln.
- Weiter erhitzen, bis die Außenseite wieder Schweißtemperatur erreicht hat.

Das Paket wird unter erneuter Flussmittelzugabe auf Schweißtemperatur erwärmt.

11.5 Verschweißen

Beim Feuerschweißen werden die Materialien bei entsprechender Temperatur durch mechanischen Druck aufeinander gepresst. Durch diesen Energieeintrag gehen die Grenzflächen kurzzeitig in einen teigigen Zustand über und verbinden sich.

Ist die Schweißtemperatur erreicht, müssen die folgenden Arbeitsschritte zügig und ohne Zeitverlust durchgeführt werden, da die Temperatur schnell wieder unter den kritischen Wert absinkt und ein Verbinden der Lagen dann nicht mehr möglich ist. Ist das der Fall, muss der Schweißvorgang sofort unterbrochen und das Paket wieder erwärmt werden. Um die Bewegungsabläufe im entscheidenden Moment schnell und effektiv durchzuführen, empfehle ich, den Vorgang zunächst „trocken“, das heißt mit einem kalten Paket, zu üben.

Um eine fehlerfreie und stabile Schweißverbindung zu erreichen, ist nicht die Schlagkraft entscheidend. Es kommt vielmehr darauf an, die gesamte Fläche lückenlos mit (überlappenden) Schlägen abzudecken. Wichtig ist zudem, dass die zu verbindenden Lagen während der Bearbeitung nicht unter Schweißtemperatur abkühlen.

Die mechanische Arbeit beim Feuerscheißen kann per Hand oder mit technischen Hilfsmitteln erfolgen, wie in Abschnitt 8 dargestellt. Unabhängig vom verwendeten Verfahren sollte zur Schonung der verwendeten Werkzeuge möglichst viel von der Schlacke entfernt werden, die sich außen am Paket befindet, bevor man mit der Bearbeitung beginnt.

Das lässt sich erreichen, indem man das Paket aus dem Feuer nimmt und sofort einmal satt auf das Ambosshorn schlägt, wobei die Lagen senkrecht stehen sollten, um

Unter dem Lufthammer wird das Paket verschweißt. Je nach Arbeitsweise kann dabei Schlacke und Flussmittel mehr ...

eine Verformung des Pakets zu minimieren. Außerdem kann die Schlacke an einer scharfen Kante (zum Beispiel der Esse) abgestreift werden.

Wenn das Paket einmal komplett bearbeitet wurde, ist es empfehlenswert, noch einen zweiten „Schweißgang" vorzunehmen, damit die entstandenen Verbindungen sich verfestigen und eventuelle Fehler beseitigt werden. Dazu wird noch einmal Flussmittel aufgetragen (es reicht deutlich weniger aus als zuvor, da ja keine Spalte mehr vorhanden sein sollten, in die das Flussmittel eindringt), das Paket dann erneut auf Schweißtemperatur gebracht und der Vorgang wiederholt.

Praxis-Tipp

- Paket von einem Ende zum anderen mit schnellen, überlappenden Schlägen verschweißen. Dabei Flussmittel und Schlacke „vor sich her" aus dem Paket treiben.
- Wenn die Temperatur zu schnell abfällt, Schweißvorgang unterbrechen, Paket wieder auf Schweißtemperatur erwärmen, Schweißung fortsetzen, bis das gesamte Paket mit Schlägen bedeckt wurde.
- Zur Sicherheit noch einen zweiten Durchgang machen.

... oder weniger weit fliegen.

11.6 Schweißung kontrollieren

Um etwaige Fehler möglichst sofort zu entdecken und korrigieren zu können, muss man nun überprüfen, ob eine vollflächige Verbindung aller Lagen entstanden ist. Manche Schweißfehler lassen sich auf Anhieb erkennen, da die nicht oder nur teilweise verbundenen Partien schneller abkühlen als der Rest des Pakets (die nachströmende Wärme aus dem Inneren wird an den fehlerhaften Schweißungen langsamer weitergeleitet als an erfolgreich verbundenen). Die unzureichend verbundenen Bereiche sind beim Abkühlen an einer markant dunkleren Glühfarbe erkennbar. Auf diese Weise können aber normalerweise nur Fehler entdeckt werden, die sich relativ weit am Rand (an den Deckschichten) des Pakets befinden.

Um auch die Mittellagen zu überprüfen, nutzt man den gleichen Effekt (der verschiedenen Wärmeleitung verbundener und unverbundener Stellen), geht aber den umgekehrten Weg: Man lässt das Paket soweit abkühlen, bis keine Glühfarbe mehr erkennbar ist und erwärmt es dann im Feuer ohne es zu wenden, wobei die Lagen nun waagerecht liegen. Dabei dringt die Wärme vorwiegend von unten in das Paket ein.

Das Paket sollte nach einer gewissen Zeit einen gleichmäßigen Verlauf der Glühfarbe über die gesamte „Höhe" aufweisen. Sind irgendwo an den Seitenflächen markante Farbabstufungen erkennbar, ist davon auszugehen, dass die Lagen sich an dieser Stelle nicht korrekt verbunden haben. Diese Methode funktioniert allerdings mit Gasessen und Elektroöfen aufgrund der gleichmäßigen, mehrseitigen Erwärmung nur sehr bedingt.

Weiterhin kann man fehlerhafte Schweißungen auch erkennen, indem die Stirn- und/oder Längsflächen des Pakets im kalten Zustand angeschliffen werden (Schleifrichtung senkrecht zur Lagenorientierung). Fehlstellen zeichnen sich hier als schwach erkennbare, dunkle Haarlinien ab.

Mit beiden Methoden können allerdings keine Fehler entdeckt werden, die weit in der Mitte des Pakets liegen und keinen Kontakt zu den Stirn- und Längsflächen haben („Blasen"). Insofern bleibt immer ein Restrisiko bestehen.

Praxis-Tipp

- Paket im Kohlefeuer einseitig mit waagerechten Lagen erwärmen.
- Verlauf der Glühfarbe an allen Seiten überprüfen.

Durch einseitiges Erhitzen können Schweißfehler erkannt und lokalisiert werden. Deutlich erkennbar sind hier die unverschweißten Lagen in der Mitte sowie eine kleinere Fehlstelle im unteren Bereich.

11.7 Schweißfehler

Die beiden vorrangigen Probleme, die zum Entstehen von Schweißfehlern führen, sind:

- zu niedrige Temperatur, was zumeist in der Mitte des Pakets auftritt, wo die Wärme „zuletzt" ankommt.
- Schlackeneinschlüsse, die entstehen, wenn sich die Lagen zuerst an den Rändern verbinden und somit das Austreiben von Flussmittel und Oxiden verhindert wird (Blasenbildung).

Im Folgenden beschreibe ich einige Methoden, um diese Fehler zu vermeiden und zu beseitigen, wobei letzteres erfahrungsgemäß nur in einem Teil der Fälle erfolgreich ist. In Abhängigkeit von den verwendeten Werkzeugen und Hilfsmitteln sowie der eigenen Arbeitsweise kann es zur Häufung bestimmter Fehler kommen. Besonders dann sollte man versuchen, die Ursachen zu finden, um bei zukünftigen Arbeiten die Fehlerquellen auszuschalten.

11.7.1 Prävention

Zeigen sich ganz oder teilweise unverschweißte Lagen, ist in den meisten Fällen eine zu niedrige Temperatur die

Abnutzungsbedingte Dellen in den Gesenken sollten von Zeit zu Zeit durch Abschleifen entfernt werden.

Ursache. Meist tritt das bei den Schweißfugen auf, die der Paketmitte am nächsten sind, da die Wärme von außen eingebracht wird und der Kern als letztes die gewünschte Temperatur erreicht. In einem solchen Fall sollte man versuchen, das Paket langsamer an die Schweißtemperatur heranzuführen und ein wenig länger dort zu halten, bevor mit dem Schweißen begonnen wird. Um eine Überhitzung in dieser Phase zu vermeiden, empfiehlt sich die Kühlung der Paketaußenseite durch Benetzen mit Wasser. Bei Gas- oder Elektroessen muss eine entsprechend längere Haltezeit gewählt werden.

Zeigen sich teil- oder vollflächige Schweißfehler (auch) im Bereich der Randlagen, ist die wahrscheinlichste Ursache eine insgesamt zu niedrige Temperatur des Pakets. Bevor die Lagen verbunden sind, wird mehr Wärme von den Randlagen an die Umgebung abgegeben, als aus dem Kern nachströmen kann, besonders bei Kontakt mit Amboss und Gesenken, deren Wärmeleitfähigkeit vielfach höher als die von Luft ist. Wenn die Temperatur des Pakets zwar homogen ist, aber nur wenig über der minimalen Schweißtemperatur liegt, kühlen die Randlagen schnell unter den kritischen Wert ab, so dass hier keine Verbindung zustande kommen kann.

Weist ein Paket beim Abkühlen dunkle Stellen ohne Randkontakt auf, die sich auf den Deckschichten abzeichnen, wurde zumeist Schlacke eingeschlossen. Das bedeutet, dass sich die Kanten der Lagen zuerst verbunden haben und das Austreten des Flussmittels verhindert wurde. Eine Ursache kann eine konkave Abnutzung der verwendeten Gesenke sein, wodurch die Kraft zuerst und am stärksten in die Kanten des Pakets eingetragen wird. Das Problem kann durch Planschleifen der Gesenke behoben oder durch Abschmieden der Längskanten nach dem „Packen“ umgangen werden.

Eine weitere mögliche Ursache können konkave Kontaktflächen der Lagen sein. Das kann bei plangeschliffenem Material ausgeschlossen werden, zeigt sich aber mitunter beim Stapeln zur Erhöhung der Lagenzahl mit sandgestrahlten Teilen. Um dieses Problem zu vermeiden, sollte man darauf achten, dass beim Ausrecken des Pakets (siehe Abschnitt 13.2) im letzten Durchgang die späteren Kontaktflächen plan übergeschmiedet werden. Durch eine vertikale Bearbeitung der Lagen (zum Beispiel um die Breite des Pakets zu verringern) neigt das Werkstück in den Randbereichen zum Aufpilzen, was in diesem letzten Arbeitsgang wieder ausgeglichen werden muss.

11.7.2 Beseitigung

Manche Fehler lassen sich mit den folgenden Methoden beseitigen. In anderen Fällen haben sich zu viele Oxide auf den kritischen Flächen gebildet, so dass sich eine Rettung des Werkstücks als unmöglich erweist. Ein bis zwei Versuche ist es aber in den meisten Fällen wert.

Ganz oder teilweise unverbundene Lagen können in manchen Fällen durch erneutes Erwärmen des Pakets auf Schweißtemperatur und Nachschweißen noch gerettet werden. Dazu sollte erneut Flussmittel aufgetragen werden, besonders reichlich an den offenen Stellen. Neben einer ausreichenden Haltezeit sollte man versuchen, eine möglichst hohe Temperatur zu erreichen, ohne dass es zur Überhitzung kommt.

Beim Nachschweißen von partiell unverbundenen Lagen sollte immer vom „gesunden“ Teil zu den Rändern gearbeitet werden, um Flussmittel und Oxide bis zum Rand „vor sich her zu schieben“.

Eingeschlossene Blasen müssen geöffnet werden, damit ihr Inhalt ausgedrückt werden kann. Das geht am einfachsten durch Warmmeißeln. Befindet sich die Blase dicht an einer Kante des Pakets, kann man versuchen, die Lagen an dieser Stelle mit dem Meißel zu trennen, so dass die Einschlüsse horizontal aus dem Paket gedrückt werden können. Durch einseitiges Erwärmen (wie in 11.6 beschrieben) kann man meistens recht gut lokalisieren, zwischen welchen Lagen sich der Einschluss befindet. Beim Nachschweißen sollte reichlich Flussmittel verwendet und in Richtung der geöffneten Stelle gearbeitet werden.

Mittig eingeschlossene Blasen dicht unter den Deckschichten lassen sich einfacher beheben, indem an einem Ende der Blase die darüber befindlichen Lagen aufgespalten werden. Auf diese Weise wird den Einschlüssen ermöglicht, vertikal auszutreten. Auch hier sollte man viel Flussmittel einbringen und auf den „Abfluss" zu arbeiten. Durch das Lochen der Decklagen ergibt sich unvermeidlich ein Fehler im Muster. Daher sollte man versuchen, diesen später wegfallen zu lassen. Das geht zum Beispiel, indem man die fehlerhafte Stelle beim Erhöhen der Lagenzahl wiederum an die Außenseite und wenn möglich an ein Ende des Pakets legt, so dass sie schlussendlich durch Schleifen entfernt werden kann.

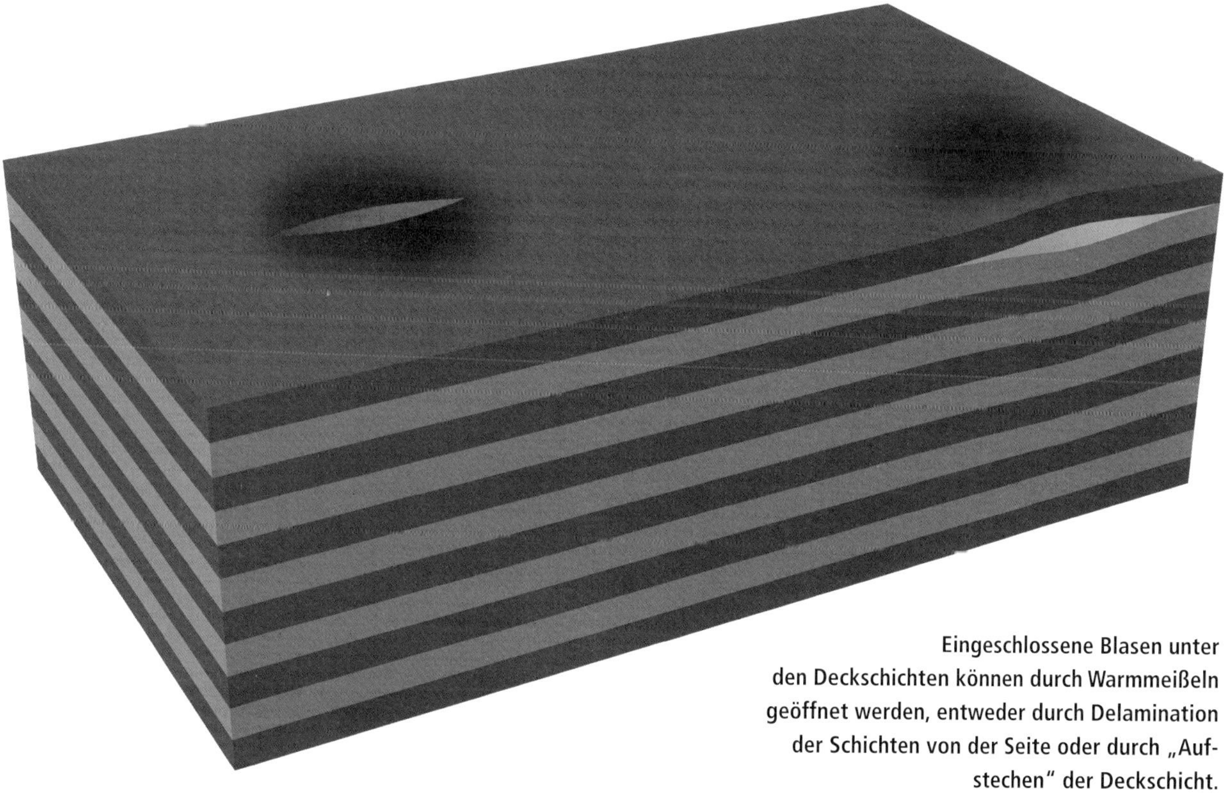

Eingeschlossene Blasen unter den Deckschichten können durch Warmmeißeln geöffnet werden, entweder durch Delamination der Schichten von der Seite oder durch „Aufstechen" der Deckschicht.

Mosaik

Ich werde die verschiedenen Arten von Mosaiktechniken mit kurzen praktischen Anleitungen erläutern. Im Abschnitt 4.2 habe ich den grundlegenden Aufbau der einzelnen Arten bereits dargestellt. Als strukturbildende Technik sind viele der Arbeitsschritte identisch mit denen für ein Laminatpaket. Unterschiede ergeben sich durch die verschiedene Geometrie und Anordnung der zu verbindenden Teile, meist bei der Vorbereitung des Pakets.

12.1 Bitmap-Mosaik

Ein Bitmap-Mosaik besteht, wie bereits im Abschnitt 4.2.1 dargestellt, aus quadratischen Stäben. Diese sollten vor dem Zusammenlegen des Pakets blank geschliffen oder sandgestrahlt werden. Da es bei den vielen Teilen leicht zu Verwechslungen kommt, ist es hilfreich, eine der Stahlsorten stirnseitig zu markieren, zum Beispiel mit einem Permanent-Filzstift. So kann auch das gewünschte Bild noch einmal kontrolliert werden, bevor man mit dem Verschweißen beginnt.

Die Stäbe sollten möglichst perfekt rechtwinklig und von gleichem Querschnitt sein, da sich sonst Versätze und Unregelmäßigkeiten bilden. Das ist vor allem bei streng geometrischen Mustern (zum Beispiel Schachbrett) störend. Sind die Stäbe nicht rechtwinklig, neigen sie beim späteren Schmieden dazu, auseinander zu wandern und sich schräg zu stellen, was das Feuerschweißen erschwert.

Um die Stäbe zu fixieren, sollten sie zunächst mit zwei Schraubzwingen und Zulagen entsprechend der Paketbreite und Höhe gespannt werden. Nach einer letzten Kontrolle des Bilds an der markierten Stirnseite können die Stäbe wie gewohnt mit einem Lichtbogenschweißgerät geheftet werden (siehe 10.4). Bei Stäben mit größerem Querschnitt (acht Millimeter und mehr) reichen einzelne Punkte, die die Stäbe untereinander verbinden. Bei dünneren Stäben ist ein vollflächiges Verschweißen einer Stirnfläche einfacher. Die zweite Stirnfläche muss nur an den Außenkanten geheftet werden (wie ein Ring, der die mittleren Stäbe einfasst). Die Befestigung des Handgriffs erfolgt zweckmäßigerweise am vollständig verbundenen Ende. Beim Erwärmen sollte das Paket immer in 90°-Schritten gedreht werden. Das Aufstreuen von Flussmittel erfolgt von allen vier Seiten. Nach Möglichkeit sollten die Ausgangsstücke so passend zusammenliegen, dass ein Packen (siehe 11.3) überflüssig ist. Sollte es nicht zu vermeiden sein, muss auch dieser Vorgang in zwei Richtungen durchgeführt werden.

Beim Feuerschweißen muss das Paket ebenfalls um 90° gedreht werden, um in beiden Richtungen eine Verbindung zu erzielen. Im Idealfall wird das Paket nach jedem Hammerschlag um eine Vierteldrehung hin- und hergewendet.

Die einzelnen Stäbe werden mit Zulagen aus Flachmaterial zusammengespannt.

Da es ein wenig Übung erfordert, dabei im Takt zu bleiben und auch stets senkrecht zu treffen, ist es für den Einsteiger einfacher, erst eine Fläche des Pakets vollständig mit Schweißschlägen „einzudecken“, dann das Paket um 90° zu drehen und einen zweiten Durchgang zu machen. Dabei sollte man leichte Schläge anbringen, damit sich das Paket nicht zu sehr in Querrichtung verformt.

Bei zu schnell abfallender Temperatur muss das Paket vor dem zweiten Durchgang noch einmal erwärmt werden. Generell sollte mit dem Schweißvorgang am vollständig verbundenen Ende des Pakets begonnen und auf das „lose“ Ende zugearbeitet werden.

Ist die Schweißung vollständig durchgeführt (sicherheitshalber noch mit einem dritten und vierten Durchgang, wieder jeweils um 90° versetzt), sollte das Paket noch einmal auf Schweißfehler kontrolliert werden (siehe 11.6), wobei auch zwei um 90° versetzte Durchgänge empfehlenswert sind, um auf Nummer sicher zu gehen. Wenn alles in Ordnung ist, kann das Paket wie gewohnt weiterbearbeitet werden. Da das erzeugte Bild zunächst nur an den Stirnflächen des Pakets sichtbar ist, sind in der Regel weitere Schritte nötig, zum Beispiel Torsion (siehe Kapitel 14) oder Entfaltung (Kapitel 17).

Praxis-Tipp

- Stäbe wie folgt vorbereiten: Oberfläche blank, rechtwinklig, quadratischer Querschnitt, maßhaltig, eine Stahlsorte stirnseitig farblich markiert.
- In beide Richtungen mit Schraubzwingen und passenden Zulagen (Flacheisen) zusammenspannen, eine Stirnseite vollständig heften, die andere an den Außenkanten.
- Alle folgenden Arbeitsschritte (Erwärmen, Flussmittel zugeben, gegebenenfalls Packen, Feuerschweißen) jeweils von allen vier Seiten beziehungsweise zwei um 90° zueinander versetzten Seiten durchführen.

An einer Stirnseite werden alle Stäbe mit Schweißpunkten und -nähten untereinander fixiert.

Damit sich das Paket bem Erwärmen nicht durch die unterschiedliche Dehnung der Teile verzieht, werden an der anderen Stirnseite nur die Randstäbe gesichert.

12.2 Spirograph-Mosaik

Das Spirograph-Mosaik ähnelt im Aufbau dem Bitmap-Mosaik, nur sind die Quadratstäbe untereinander durch dünne Bleche voneinander getrennt. Dabei bestehen die Quadratstäbe alle aus der gleichen Stahlsorte (zumeist die dunkel zeichnende), und die Unterteilungs-Bleche aus einer zweiten.

Um die relativ komplizierte Anordnung mit der nötigen Präzision aufzubauen, ist es hilfreich, schichtweise vorzugehen. Das heißt, man verbindet zunächst eine Schicht von Stäben mit den dazugehörigen, schmalen Blechunterteilungen. Dabei können die Blechstreifen zunächst etwas breiter sein und überstehen. Nach dem Heften werden die Flächen der entstandenen Lage noch einmal bündig geschliffen, wodurch der Überstand der Unterteilungsbleche entfernt wird.

Ist die benötigte Anzahl von Schichten in dieser Art erzeugt, können sie zum endgültigen Paket gestapelt werden, wobei auch in dieser Richtung jeweils ein dünnes, durchgehendes Blech als Zwischenlage verwendet wird. Soll das Paket noch vervielfältigt werden, kann in diesem Stadium bereits an einer oder zwei (90° zueinander liegenden) Außenseiten ein durchgehendes Deckblech entsprechend den Unterteilungsblechen zugelegt werden.

Die weitere Bearbeitung ist identisch mit der für das Bitmap-Mosaik beschriebenen. Ein Spirograph-Mosaik ergibt besonders in Kombination mit den Techniken der Oberflächenmanipulation (siehe Kapitel 15) sehr reizvolle Muster.

Praxis-Tipp

- Zunächst eine Lage der Quadratstäbe mit leicht überstehenden Zwischenblechen zusammenheften.
- Dann beide Flächen plan schleifen.
- Schließlich mehrere dieser Lagen mit vollflächigen Zwischenblechen zum Paket zusammenlegen und ebenfalls heften.

Zunächst werden einzelne „Lagen", jeweils bestehend aus Quadratstäben und Zwischenblechen, zusammengefügt und fixiert.

Der Überstand der Zwischenbleche wird beidseitig abgeschliffen.

Mehrere der so erzeugten „Lagen" werden zum endgültigen Paket zusammengelegt und mit Decklagen versehen. Diese sind hier um 90° zueinander versetzt, um das Paket später vervielfältigen zu können.

12.3 Matrix-Mosaik

Beim Matrix-Mosaik werden durchgehende Lagen, zumeist alle aus der gleichen Stahlsorte, mit vereinzelten, dazwischen liegenden Teilen einer anderen Stahlsorte kombiniert. Letzteres können zum Beispiel Drahtgeflecht, Drähte, Kugeln, Pulver oder andere Kleinteile sein. Die vollflächigen Lagen bilden die namensgebende Matrix, in die die anderen Bestandteile eingelegt sind.

Damit sich ein homogener und porenfreier Block bilden kann, müssen zwei Punkte bei der Auswahl und Anordnung der einzelnen Teile beachtet werden: Zum einen sollten die durchgehenden Lagen mindestens genauso dick sein wie die dazwischen eingelegten Teile. Anderenfalls kann es zu Problemen beim Verschweißen kommen, da sich Einschlüsse von Luft oder Flussmittel bilden. Je dicker die durchgehenden Lagen im Verhältnis zu den eingelegten Teilen sind, desto geringer ist diese Gefahr, da genügend Material vorhanden ist, das in die Zwischenräume „geknetet" werden kann.

Zweitens müssen die eingelegten Teile so angeordnet werden, dass dazwischen befindliches Flussmittel einen Weg aus dem Paket findet, optimalerweise sogar in Richtung der Bearbeitung (siehe 11.5). Anderenfalls kommt es zwangsläufig zu Einschlüssen. So sollten zum Beispiel eingelegte Ringe aus Draht und andere geschlossene Formen vermieden werden. Das Flussmittel dringt zwar durch die Kapillarwirkung in deren Inneres, im Moment der ersten Verschweißung der Decklagen mit dem Ring hat es aber keine Möglichkeit mehr, nach außen zu gelangen.

Je nach Art der einzulegenden Teile kann es problematisch sein, diese zu fixieren. In vielen Fällen reicht es aus, sie zwischen den durchgehenden Lagen einzuklemmen und diese dann zu heften. Lange Drähte können so gebogen werden, dass sie zum Teil seitlich aus dem Paket herausstehen (beispielsweise wie eine Schlangenlinie), um nicht viele kurze Stücke einzeln fixieren zu müssen. Die überstehenden Segmente werden nach der ersten Feuerschweißung des Pakets abgetrennt oder -geschliffen.

Kugeln können sicher eingeklemmt werden, indem beide Decklagen mit leichten Vertiefungen versehen werden. Es ist ausreichend, das auf einer Seite zu machen. Die Vertiefungen können mit einem kugelförmigen Schleifstift oder durch Anbohren erzeugt werden. Bei besonders schwierigen Fällen wie zum Beispiel Pulver oder Granulat, das zwischen die durchgehenden Lagen eingebracht wird, kann das ganze Paket in ein Vierkant-Rohr gesteckt

Einzelne Drähte werden auf den Plättchen fixiert, hier durch Punktschweißen und in sternförmiger Anordnung.

werden. Diese Technik ist im Abschnitt Puzzle-Mosaik (12.4) beschrieben. In manchen Fällen können die Teile auch mit einem Punktschweißgerät fixiert werden.

Da das so erzeugte Paket in den meisten Fällen viele Hohlräume aufweist, ist beim Matrix-Mosaik das Verdichten oder „Packen" des Pakets (11.3) entscheidend. So sollte das Paket zunächst bei normaler Schmiedetemperatur komprimiert werden, um die Gefahr von Einschlüssen zu minimieren. Eine hydraulische Presse ist für diesen Arbeitsschritt optimal geeignet, da sie das Paket gleichmäßig und gut kontrollierbar verdichtet.

Wenn keine Presse zur Verfügung steht, sollte ein möglichst schwerer Hammer, wenn möglich ein Maschinenhammer, verwendet werden. Wenn das Paket soweit verdichtet wurde, dass keine größeren Poren (mehr als etwa einen Millimeter) mehr sichtbar sind, wird es unter erneuter Flussmittelzugabe auf Schweißtemperatur erwärmt. Der weitere Arbeitsablauf ist identisch mit dem eines normalen Lagenpakets (siehe Abschnitt 11.4 und folgende).

Beim Matrix-Mosaik spielt die Orientierung zur Sichtfläche eine entscheidende Rolle für das endgültige Erscheinungsbild des Musters. Aus diesem Grund können durch Torsion (Kapitel 14) eines solchen Pakets sehr ungewöhnliche Muster erzeugt werden.

Praxis-Tipp

- Paketaufbau aus durchgehenden Lagen einer Stahlsorte, eingelegte Teile aus anderer Stahlsorte.
- Eingelegte Teile alle von gleicher Stärke, keine geschlossenen Ringformen, Einklemmen der Teile zwischen den Lagen.
- Packen am besten mit hydraulischer Presse. Paket verdichten, bis keine größeren Poren mehr zu sehen sind.

Die so vorbereiteten Lagen sowie eine Decklage werden zusammengespannt und mit Schweißnähten fixiert.

Beim „Packen" mit einer hydraulischen Presse wird das Paket stark verdichtet, bis die Hohlräume verschwunden sind.

12.4 Puzzle-Mosaik

Bei dieser Mosaik-Variante werden, wie bereits in Abschnitt 4.2.4 dargestellt, die Möglichkeiten bildhafter Darstellung im Damast-Muster weiter verfeinert. Durch die Verwendung von Freiform-Teilen ist man nicht länger an das quadratische Punkt-Raster gebunden.

Prinzipiell können die meisten prismatischen Halbzeuge (Vierkant- und Rundrohre, L- und T-Profile, Rund-, Vierkant- und Sechskantstäbe und vieles mehr) verwendet werden. Zudem ist es möglich, mit modernen Bearbeitungsverfahren (annähernd) jegliche erdenkliche Querschnittskontur herzustellen. Besonders die Technik des Funkenerosions-Schneidens (EDM) ermöglicht es, praktisch jede Form von Bild umzusetzen. Im Idealfall werden so Positiv und Negativ aus unterschiedlichen Stahlsorten erzeugt, die annähernd spaltfrei wie Puzzleteile ineinander passen.

Sofern es nicht möglich ist, das Paket lückenlos aufzubauen, können die verbleibenden Hohlräume mit Pulver, Feilung oder Granulat einer Stahlsorte gefüllt werden, wobei eine möglichst kräftige Verdichtung hilfreich ist. Sofern außenliegende Freiräume existieren, sollte das Paket mit einem Vierkant-Rohr eingefasst werden.

Beim Aufbau des Pakets muss man einige Regeln beachten, damit die Verbindung zu einem soliden Block gelingt. Zunächst ist es hilfreich, dem Paket einen vierkantigen, möglichst quadratischen Querschnitt zu geben. Das erleichtert zum einen das Feuerschweißen, da gezielt in zwei Richtungen (um 90° zueinander versetzt) gearbeitet werden kann, wie bereits für das Bitmap-Mosaik (12.1) beschrieben. Zum anderen kann man so am einfachsten vermeiden, das Bild während des Schmiedevorgangs zu verzerren.

Da es in diesem Stadium keine Möglichkeit gibt, das Muster zu kontrollieren, kann man sich nur an den Proportionen des Pakets orientieren. Wird ein quadratisches Paket durch das Schmieden zu einem kleineren, aber wieder quadratischen Querschnitt verformt, bleibt die Verzerrung gering.

Je nach Querschnittskontur der verwendeten Ausgangsmaterialien kann in vielen Fällen das Flussmittel an den Längsseiten des Pakets nicht ins Innere dringen oder wieder entweichen. Man kann versuchen, nur mit einer stirnseitigen Zugabe von Flussmittel auszukommen, was aber das Risiko von Einschlüssen erhöht, da auch das Austreiben des Flussmittels und der gelösten Oxide nur in einer Richtung erfolgen kann.

Eine andere Möglichkeit ist, vollständig auf das Flussmittel zu verzichten, was nur bei sehr dicht gepackten Paketen ratsam ist, bei denen kaum Sauerstoff zwischen die Teile gelangen kann. Dann sollte das Paket rundum, also auch an den Stirnseiten, gasdicht verschlossen werden. Um schon beim Zusammenbau eines geschlossenen Pakets den verbleibenden Sauerstoff aus kleineren Hohlräumen zu verdrängen, können diese mit Paraffin (Kerzenwachs oder Petroleum) gefüllt werden. Bei der Verbrennung oder Pyrolyse dieser Alkane bleibt hauptsächlich Kohlenstoff zurück, der die Schweißung nicht behindert. Kerzenwachs muss zwar zum Einfüllen erwärmt werden, bleibt aber danach auch im Paket, so dass dieses ohne Probleme lagerfähig ist. Wenn gewünscht, kann das umgebende Rohr nach dem Feuerschweißen abgeschliffen werden.

Zum Heften „offener" Pakete ist die gleiche Vorgehensweise wie beim Bitmap-Mosaik (siehe 12.1) empfehlenswert. Sollen innenliegende Hohlräume mit Pulver gefüllt werden, verschließt man diese zunächst an einem Ende mit dem Lichtbogenschweißgerät, wobei für größere „Kanäle" ein aufgeschweißtes Blechstück als Deckel vorteilhaft ist. Dann wird Stahlpulver in mehreren Schritten in die Hohlräume gefüllt und zwischendurch zwecks Verdichtung immer wieder mit einem Stab „festgestampft". Zum Schluss sollten auch die Einfüllöffnungen verschlossen werden, damit das Pulver während des Erwärmens nicht herausrieselt.

Für das Packen und Feuerschweißen gelten die gleichen Regeln wie für das Bitmap-Mosaik (12.1). Auch bei dieser Mosaik-Variante zeigt sich das erzeugte Bild nur an der Stirnseite. Abschnitte solcher Pakete werden oft einzeln für Schmuckelemente oder Messerbacken verwendet oder mit der Intarsien-Technik (siehe 18.3) in eine Trägerschicht eingesetzt. Um das Bild an der Längsseite des Pakets sichtbar zu machen, müssen weitere Techniken verwendet werden, zum Beispiel Torsion (Kapitel 14) oder Entfaltung (Kapitel 17).

Praxis-Tipp

- Einzelteile mit metallisch blanker Oberfläche vorbereiten, wenn nötig stirnseitig markieren, um Verwechslung auszuschließen.
- Paketaufbau möglichst lückenlos, Hohlräume mit festgestampftem Stahlpulver oder -granulat auffüllen. Wenn nötig, Paket mit einem Vierkantrohr einfassen.
- Längsseitig offenes Paket: In beide Richtungen mit Schraubzwingen und passenden Zulagen (Flacheisen) zusammenspannen, eine Stirnseite vollständig heften, die andere an den Außenkanten.
- Längsseitig geschlossenes Paket in einem Vierkantrohr aufbauen oder mit Blechen einfassen, die an den Längskanten gasdicht verschweißt werden (Lichtbogen). Eine Stirnseite mit Blech verschließen, dann Pulver und/oder Paraffin einfüllen. Abschließend die zweite Stirnseite mit Blech gasdicht verschließen.
- Alle folgenden Arbeitsschritte (Erwärmen, Flussmittel zugeben bei offenen Paketen, gegebenenfalls Packen, Feuerschweißen) jeweils von allen vier beziehungsweise zwei um 90° zueinander versetzten Seiten durchführen.

12.5 Fertigteil-Mosaik

Wie in Abschnitt 4.2.5 dargestellt, werden bei dieser Mosaik-Technik Fertigteile aus Stahl als Ausgangsmaterial verwendet, die sich ihrerseits aus Einzelteilen zusammensetzen. Gängige Varianten bestehen aus Drahtseilen oder Maschinenketten.

Generell gilt, dass alle Bestandteile aus Stahl bestehen müssen und keinerlei Beschichtung haben dürfen. Auch wenn die Oberflächen nur in den seltensten Fällen vollständig metallisch blank gemacht werden können, ist es empfehlenswert, Dreck und Schmiermittelrückstände so gut wie möglich zu entfernen.

Bei hartnäckigen Fällen sollten die Teile in Verdünnung eingelegt werden, um Verunreinigungen in schwer zugänglichen Ecken zu lösen. Oberflächlicher Rost lässt sich durch Sandstrahlen entfernen, allerdings müssen die Teile danach gründlich von Strahlmittel-Rückständen befreit werden.

12.5.1 Drahtseil

Bei Drahtseilen muss man darauf achten, dass sie nicht verzinkt sind und vollständig aus Stahl bestehen, denn es gibt Seile mit Kunststoffseele. Letztere können verwendet werden, nachdem die Seele entfernt und durch einen Rundstab aus Stahl oder ein dünneres Drahtseil ersetzt wird. Seile aus rostbeständigen Stählen sind aufgrund ihres Chromgehalts (siehe dazu Abschnitt 6.2.3) ungeeignet. Da sich der Querschnitt beim Feuerschweißen zwangsläufig verkleinert, sollte möglichst dickes Drahtseil (Durchmesser 20 mm und mehr) als Ausgangsmaterial verwendet werden.

Da die einzelnen Drähte des Seils in der Regel alle aus der gleichen Stahlsorte bestehen, kann bei diesem Damast kein starker Kontrast erzielt werden. Lediglich die Schweißfugen zeichnen sich als schwache Linien ab. Außerdem handelt es sich bei den verwendeten Materialien um Stähle, die für Werkzeuge (wie zum Beispiel Messerklingen) schlechte Eigenschaften besitzen. Sie sind lediglich auf hohe Zugfestigkeit optimiert und enthalten zu wenig Kohlenstoff, um eine brauchbare Wärmebehandlung durchzuführen. Daher sollten sie für derartige Anwendungen stets mit einem (dem Einsatzzweck angemessenen) Werkzeugstahl kombiniert werden, zum Beispiel in Deckschicht-Technik (siehe 18.1).

Die Enden eines Drahtseils sollten vor der Bearbeitung mit Elektroschweißungen oder, wie hier, mit Bindedrähten gesichert werden.

Foto: Christian Deminie

Zur Vorbereitung des Pakets wird ein Abschnitt des Seils (Länge fünf bis 15 Zentimeter) an beiden Enden durch Lichtbogenschweißen verbunden. Das verhindert das Ablösen einzelner Drähte beim Erwärmen. Aufgrund der vielen Poren und unverbundenen Bestandteile sollte das Erwärmen langsam und unter stetigem Drehen des Werkstücks erfolgen. Man sollte auch reichlich Flussmittel verwenden. Um das Seil zu „packen", wird es mit einem Ende in einen Schraubstock gespannt und dann zusammengedreht, wie beim Auswringen eines Lappens. Dabei wird bereits ein Teil des Flussmittels ausgedrückt. Um diesen Arbeitsschritt zu erleichtern, bietet sich die Verwendung eines Torsionswerkzeugs an (siehe Abschnitt 14.2).

Das Feuerschweißen des Drahtseils muss behutsam durchgeführt werden, damit die Drähte nicht durch den Querschub heftiger Schläge auseinander gedrückt werden. Abgesehen von sehr großen Querschnitten sollte man wegen der besseren Kontrolle einen Handhammer dem Maschinenhammer vorziehen.

Ausgehend von einem Ende wird das Seil spiralförmig mit leichten, überlappenden Schlägen bedeckt, die der Windungsrichtung folgen. Dazu muss das Werkstück ständig weiter gedreht werden, nicht hin und her, wie vom Schmieden eines Vierkants gewohnt. Eine Drehung um etwa 45° (1/8 Umdrehung) pro Hammerschlag kann als Faustregel angenommen werden. Es empfiehlt sich, diesen Vorgang mehrmals durchzuführen und das Seil zwischendurch immer wieder auf Schweißtemperatur zu erwärmen, bis es vollständig mit Schlägen bedeckt wurde und wieder einen runden Querschnitt hat. Nach dem Feuerschweißen ist das Seil zu einem soliden Stab verbunden und besitzt keine flexiblen Bereiche mehr.

Praxis-Tipp

- Unverzinktes Ganzstahl-Drahtseil mit mindestens 20 mm Durchmesser verwenden, Abschnitte jeweils 5 bis 15 cm Länge.
- Drahtseil so gut wie möglich von Schmiermittelrückständen, Dreck und Rost befreien, Enden mit Lichtbogenschweißgerät verbinden. Handgriff wie gewohnt befestigen.
- Werkstück unter stetigem Drehen behutsam auf Schmiedetemperatur erwärmen, reichlich Flussmittel zugeben.
- Zum Packen ein Ende einspannen und das Drahtseil durch Torsion in Windungsrichtung „auswringen".
- Feuerschweißen spiralförmig in Windungsrichtung durchführen. Mehrere Durchgänge mit leichten Schlägen machen, bis das Seil vollständig verschweißt ist und sich stabil anfühlt.

12.5.2 Maschinenketten

Als Ausgangsmaterial für diese Variante können alle Arten von Maschinenketten verwendet werden, zum Beispiel Motorrad-, Fahrrad- oder Sägeketten. Wie bereits in Abschnitt 4.2.5 dargestellt, bestehen die Einzelteile aus verschiedenen Stahlsorten, wodurch sich beim Ätzen ein Kontrast ergibt. Allerdings ist auch dieses „Material-Konglomerat" aufgrund seiner nicht härtbaren Bestandteile kaum für Messer und andere Werkzeuge einsetzbar. Deshalb empfiehlt sich wie beim Drahtseil-Damast auch hier die Kombination mit Werkzeugstählen, beispielsweise in Deckschicht-Technik (siehe 18.1).

Damit sich das Paket gut bearbeiten lässt, sollte die Kette einigermaßen geordnet zusammengelegt werden. Dazu kann sie entweder in Schlangenlinienform gelegt oder

Ketten können auf unterschiedliche Weisen zu einem Paket zusammengelegt werden. Hier eine Anordnung aus einzelnen Abschnitten.

in kurze Stücke zerteilt werden, die dann parallel zueinander liegen. Zum Trennen empfiehlt sich die Verwendung eines Winkelschleifers mit Trennscheibe, da das Sägen aufgrund der harten Kettenbestandteile sehr mühsam ist.

Da es extrem große Hohlräume in einem solchen Paket gibt, sollte die Ausgangsgröße nicht zu gering gewählt werden, um nachher ein Stück von verwertbarer Größe zu erhalten. Um einen Richtwert zu bekommen, kann das Gewicht der Ketten auf einen soliden Block umgerechnet werden (Dichte von Stahl: 7,86 Gramm pro Kubikzentimeter).

Das Heften der Kettenteile ist relativ unproblematisch, da aufgrund des unruhigen Musters einzelne Schweißpunkte in der Regel nicht sonderlich auffallen. Zur Vereinfachung werden die Kettenstränge längs im Paket angeordnet und zunächst an den Stirnseiten miteinander verbunden, bis die gewünschte Paketbreite erreicht ist. Mehrere der so erzeugten Lagen kann man schließlich zu einem Paket stapeln und wiederum durch Schweißpunkte miteinander verbinden. Sofern das Paket nun immer noch sehr instabil ist, kann es durch weitere Heftpunkte an den Längsseiten versteift werden. Die Befestigung des Handgriffs erfolgt wie gewohnt.

Wegen der großen Porigkeit ist bei dieser Damast-Variante die reichliche Verwendung von Flussmittel und das Packen sehr wichtig. Es sollte daher gründlich (wenn nötig in mehreren Wärmezyklen) durchgeführt werden. Damit die Kettenteile nicht seitlich auseinander wandern, ist ein wechselseitiges Arbeiten auf zwei um 90° zueinander versetzten Flächen sinnvoll, wie beim Bitmap-Mosaik (12.1). Ein sehr gleichmäßiges und gut kontrollierbares Packen ist mit einer hydraulischen Presse möglich.

Schon beim Packen, aber auch während des Feuerschweißens ist bei dieser Damast-Variante die Gefahr herumfliegender Schlacke besonders groß. Das Risiko, größere Einschlüsse von Luft oder Flussmittel zu erzeugen, ist ebenfalls besonders hoch. Diese können bei der Bearbeitung und auch beim Erwärmen explosionsartig aufplatzen. Aus diesem Grund sollte durchgehend (!) die entsprechende Schutzausrüstung (siehe 5.1) getragen werden, nicht nur während des Schweißvorgangs.

Nach dem Packen kann das Paket in gewohnter Weise feuergeschweißt werden, auch wieder abwechselnd von zwei um 90° zueinander versetzten Seiten. Man sollte bei der Planung des Objekts bedenken, dass sich das Muster je nach Orientierung der Ketten (Seitenansicht oder Aufsicht) stark unterscheidet. Bei Ketten von weitgehend „quadratischem" Querschnitt können auch die einzelnen Stränge abwechselnd um je 90° zueinander verdreht werden (was ein Korbgeflecht-ähnliches Muster ergibt, siehe Abschnitt 4.4).

Praxis-Tipp

- Maschinenkette so gut wie möglich von Schmiermittelrückständen, Dreck und Rost befreien, mit Winkelschleifer in Abschnitte entsprechend der Paketlänge zerteilen.
- Kettenstücke entsprechend der Paketbreite nebeneinander legen, Enden mit Lichtbogenschweißgerät verbinden.
- Mehrere solche Lagen entsprechend der Pakethöhe stapeln und stirnseitig heften. Wenn nötig längsseitig Heftpunkte zur Stabilisierung setzen. Handgriff wie gewohnt befestigen.
- Alle folgenden Arbeitsschritte (Erwärmen, Flussmittel zugeben, gründliches Packen, Feuerschweißen) jeweils von allen vier Seiten beziehungsweise zwei um 90° zueinander versetzten Seiten durchführen.

Vervielfältigung

Die struktubeeinflussende Technik der Vervielfältigung (siehe Abschnitt 4.4) wird in den meisten Fällen eingesetzt, um die Lagenzahl eines Laminat-Pakets zu erhöhen. Dazu gibt es zwei unterschiedliche Vorgehensweisen: Die klassische Methode ist das Falten, bei dem das erfolgreich verschweißte Paket zunächst auf das Doppelte seiner ursprünglichen Länge ausgereckt wird. Dann wird es mittig mit einem Warmschrot eingekerbt (zu etwa drei Vierteln der Materialstärke). Nach Entfernen des oberflächlichen Zunders (mit einer Drahtbürste) wird das vordere Ende umgeklappt, so dass das Paket wieder die ursprüngliche Länge hat. Nach erneuter Zugabe von Flussmittel können die Kontaktflächen verschweißt werden, wodurch sich die Lagenzahl verdoppelt. Naturgemäß wird bei dieser Vorgehensweise die Decklage mit „sich selbst“ verbunden, was im späteren Muster eine scheinbar dickere Lage ergibt (siehe dazu auch die Anmerkungen bei 10.2).

Bei der zweiten Methode, dem Stapeln, wird das Paket auf eine Länge ausgereckt, die einem Vielfachen (Drei- bis Sechsfachen) der ursprünglichen entspricht. Danach lässt man das Werkstück erkalten, und die zukünftigen Kontaktflächen werden von der Zunderschicht befreit. Nun kann man das Paket in mehrere Segmente teilen, die wie die ursprünglichen Flachmaterialien geschichtet und zu einem neuen Paket verbunden werden.

Der Mehraufwand jedes einzelnen Schweißzyklus beim Stapeln wird erfahrungsgemäß durch die Vervielfachung mehr als ausgeglichen. Zudem sinkt die Fehlerwahrscheinlichkeit aufgrund der sorgfältigeren Oberflächenbearbeitung und der geringeren Anzahl der Schweißvorgänge (beides sind Fehlerquellen). Die gleichzeitige Vervielfältigung in zwei Richtungen, zum Beispiel von neun quadratischen Mosaikstäben zu einem 3x3-Raster, kann nur durch Stapeln erreicht werden.

Falten

Plus

- Material muss nicht erkalten
- Material muss nicht aufwändig entzundert werden
- Paket muss nur wenig ausgereckt werden

Minus

- Da die Lagenzahl nur verdoppelt wird, sind viele Schweißungen nötig
- Durch Umklappen ergeben sich dickere Lagen (Störungen des Musters)

Stapeln

Plus

- Durch Vervielfachung nur wenige Schweißungen nötig
- Maximale Flexibilität bei der Lagenanordnung

Minus

- Jeder einzelne Zyklus ist zeitaufwändig (ausrecken, erkalten lassen, Zunder entfernen)

Zum Falten wird das Paket mittig eingekerbt.

Der vordere Teil wird umgeklappt und die zukünftigen Kontaktflächen mit einer Drahtbürste von Zunderschichten befreit.

Schließlich klappt man das Paket zu und beginnt von neuem mit der Feuerschweißung.

Beim Stapeln wird das Paket lang ausgeschmiedet und in mehrere Teile getrennt.

13.1 Planung

Abhängig von der Materialstärke der Ausgangsmaterialien und der letztlich zu erreichenden Lagenzahl sollte ein Plan erstellt werden. Es geht dabei vor allem darum, wie das Ziel mit möglichst wenigen Schweißungen erreicht werden kann.

Welche Lagenzahl das Objekt am Ende haben soll, ist stark von ästhetischen Gesichtspunkten abhängig. Von sehr wenigen Lagen (5, 7, 9) bis etwa 300 reicht das „normale“ Spektrum. Bei größeren Lagenzahlen sind die einzelnen Schichten so fein, dass sie selbst bei einem sehr flachen Anschliff kaum noch ein markantes Muster bilden. Für Messerklingen mit „feinem“ Muster sind rund 100 bis 200 Lagen empfehlenswert.

Die Beispiele unten („Berechnung der Lagenzahl“) zeigen unterschiedliche Vorgehensweisen zum Erreichen von etwa 120 Lagen. Dabei zeigt sich, dass beim Falten insgesamt fünf Schweißvorgänge nötig sind, um 112 Lagen zu bekommen. Wird das Paket statt dessen bei jedem Zyklus auf das Vierfache seiner Länge ausgereckt und entsprechend in vier Teile geschnitten, reichen drei Schweißvorgänge aus. Zusätzlich erlaubt diese Methode bei unsymmetrischem Aufbau des Pakets (gerade Lagenzahl, unterschiedliche Decklagen) ein Muster ohne Unregelmäßigkeiten der Lagenstärke (siehe 10.2).

Werden darüber hinaus schon als Ausgangsmaterial viele dünne Lagen verwendet, kann das Ergebnis sogar mit zwei Schweißungen erreicht werden. Die Verwendung einer ungeraden Zahl von Teilen bei der letzten Schweißung hat einen zusätzlichen Vorteil: Es befindet sich keine Schweißfuge in der Mitte des Pakets, wo die Gefahr von Fehlern aufgrund unzureichender Durchwärmung am größten ist.

Berechnung der Lagenzahl

Beispiel 1: Falten

Start: 3 + 4 = 7 Lagen

1. Schweißung

Falten: 7 x 2 = 14 Lagen

2. Schweißung

Falten: 14 x 2 = 28 Lagen

3. Schweißung

Falten: 28 x 2 = 56 Lagen

4. Schweißung

Falten: 56 x 2 = 112 Lagen

5. Schweißung

Beispiel 2: Stapeln

Start: 4 + 4 = 8 Lagen

1. Schweißung

Stapeln: 8 x 4 = 32 Lagen

2. Schweißung

Stapeln: 32 x 4 = 128 Lagen

3. Schweißung

Beispiel 3: Stapeln

Start: 12 + 12 = 24 Lagen

1. Schweißung

Stapeln: 24 x 5 = 120 Lagen

2. Schweißung

13.2 Ausrecken

Abhängig von der Entscheidung, in wie viele Teile das Paket bei jedem Zyklus zerteilt werden soll, muss die Länge auf ein entsprechendes Vielfaches vergrößert werden. Leichte Variationen sind unwesentlich. Letztlich ist entscheidend, dass die Länge der Teile (und damit die des wieder zusammengelegten Pakets) in einem gut zu bearbeitenden Bereich liegt (siehe 10.1). Eine Zugabe von etwa 20 Millimetern erlaubt das Abtrennen der oft unregelmäßigen und schräg auslaufenden Paket-Enden.

Beim Ausrecken darf das Paket nicht zu breit werden. Eine Grenze von maximal 40 Millimetern sollte nach Möglichkeit nicht überschritten werden. Muss das Paket schmaler geschmiedet werden, sollte man darauf achten, die späteren Kontaktflächen nachfolgend wieder zu glätten. Wenn sie konkav bleiben, kann das leicht zur Bildung von Schlackeeinschlüssen führen (siehe 11.7).

Praxis-Tipp

- Paket ausrecken auf ca. 20 mm Dicke (Lagen horizontal), dann:
- Paket ausrecken auf ca. 30 mm Breite (Lagen vertikal), dann:
- Paket ausrecken auf die benötigte Länge plus 20 mm (Lagen horizontal).

13.3 Weitere Bearbeitung

Wie im Abschnitt 10.3 dargestellt, ist es empfehlenswert, nach dem ersten Zyklus bei allen weiteren Zyklen die Zunderschicht durch Sandstrahlen zu entfernen. Schleifen, insbesondere Planschleifen der Kontaktflächen, führt zu Unregelmäßigkeiten im späteren Muster, da die Decklagen ungleichmäßig abgetragen werden.

Das Zerteilen erfolgt am einfachsten mit einem Winkelschleifer, wobei sich die Verwendung von dünnen Trennscheiben (0,8 oder 1,0 mm) material- und zeitsparend auswirkt. Je nachdem, wie „ordentlich" die Enden des Pakets aussehen, sollten hier jeweils fünf bis 15 Millimeter abgetrennt werden.

Es ist sinnvoll, die Stücke möglichst präzise gleich lang zu schneiden, da sonst unnötig viel Material durch überstehende Lagen verschwendet wird. Wenn die Stücke dennoch ungleichmäßig werden, ist es am günstigsten, die längsten in die Mitte des Pakets zu legen.

Die so erzeugten Stücke können, wie bei 10.4 beschrieben, zu einem neuen Paket zusammengelegt und verbunden werden. Dabei sollten die Kontaktflächen mit den gröbsten Unebenheiten oder Fehlstellen (sofern möglich) nach außen genommen werden. Bei Paketen mit unsymmetrischem Aufbau muss die Orientierung der Stücke beachtet werden. Der weitere Prozess deckt sich mit dem im Abschnitt 11 dargestellten.

Torsion

Mit dieser sehr alten Technik lassen sich ohne großen Aufwand erstaunliche Muster erzeugen. Als strukturbeeinflussende Technik setzt sie ein bereits verschweißtes Damast-Paket voraus. Das kann ein Laminat sein, aber auch die meisten Mosaike führen durch Torsion zu spannenden Mustern. Die Torsion ist zudem eine der Möglichkeiten, das stirnseitige Bild eines Mosaik-Pakets auf der Längsfläche sichtbar zu machen. Allerdings wird das Motiv verzerrt wiedergegeben und ändert sich je nach Abschlifftiefe (siehe 4.5.2).

14.1 Vorbereitung

Bei der Verdrehung eines Stabs wirken die stärksten Zugkräfte in den Bereichen, die am weitesten vom Zentrum entfernt sind. Aus diesem Grund werden bei einem Paket von quadratischem Querschnitt die Kanten am stärksten gestreckt. Wird das Paket zu kalt oder zu eng tordiert, kommt es daher in diesen Bereichen zuerst zur Rissbildung.

Um diese Gefahr zu minimieren, empfiehlt es sich, den Stab vor dem Verdrehen auf einen achtkantigen Querschnitt umzuformen. Dabei sollten allerdings die Enden vierkantig belassen werden, um mehr Angriffsfläche für Schraubstockbacken und Torsionswerkzeuge (dazu gleich mehr) zu haben. Ein achtkantiger Querschnitt ergibt zudem eine „glattere" Oberfläche des fertig tordierten Stabs, was ein Überfalten der Kanten beim späteren Ausschmieden unwahrscheinlicher macht.

Soll eine gleichmäßige Torsion erzielt werden, muss der Stab nach den Vorbereitungen auf eine möglichst einheitliche Temperatur gebracht werden. Das ist in einer Gasesse und besonders in einem Elektroofen relativ leicht zu erreichen, stellt aber bei längeren Stäben und einer Kohleesse eine Herausforderung dar.

Demonstrationsobjekt von Manfred Sachse. Es verdeutlicht den Aufbau von mehrbahnigem Torsionsdamast.

Foto: Deutsches Klingenmuseum Solingen, Lutz Hoffmeister

Zeigt sich beim Tordieren, dass die Steigung sich ungleichmäßig entwickelt, kann mit partiellem Erwärmen der weniger eng verdrehten Stellen gegengesteuert werden. Das ist im eingespannten Zustand sehr gut kontrollierbar mit einem Acetylen-Brenner möglich, kann aber auch in der Kohleesse erfolgen. Der Stab kann auch von vorneherein mit dem Brenner erwärmt werden, aber besonders bei dickeren Querschnitten dauert es deutlich länger als in der Esse oder im Ofen, eine gewisse Grundwärme in das Werkstück zu bringen.

Praxis-Tipp

- Paket auf achtkantigen Querschnitt ausschmieden, Enden quadratisch lassen.
- Stab möglichst gleichmäßig in der Esse auf Schmiedetemperatur erwärmen.

Die Torsion wird erleichtert, wenn man den Stab vorher zu einem achteckigen Querschnitt schmiedet. Um ihn beim Verdrehen trotzdem gut einspannen und greifen zu können, bleiben die Enden quadratisch.

14.2 Tordieren des Stabs

Um den Stab einfach tordieren zu können, sollte eines seiner Enden in einen soliden (Schmiede-)Schraubstock eingespannt werden. Das andere Ende muss man mit einem (verstellbaren) Werkzeug greifen, das nach Möglichkeit über zwei symmetrische Handgriffe verfügen sollte. Bei Verwendung eines Schraubenschlüssels, bei dem die Kraft einseitig eingebracht wird, neigt der Torsionsstab zum Verbiegen, was laufend ausgeglichen werden muss. Als Werkzeug kann zum Beispiel ein größeres Windeisen (Halter für Gewindebohrer) dienen. Noch besser eignet sich ein abgewinkelter, verstellbarer Schraubenschlüssel, an den ein zweiter Handgriff angeschweißt ist. Eine Alternative zum Erzeugen einer alternierenden Torsion (siehe „Frauenhaar-Damast", übernächster Absatz) ist die Verwendung von drei Verstellschlüsseln, von denen die beiden äußeren miteinander verbunden sind.

Die Art der Torsion kann vielfältig variiert werden, wie bereits im Abschnitt 4.5 dargestellt. Neben der Steigung, die sich aus der Anzahl der Umdrehungen ergibt, kann auch die Drehrichtung bestimmt werden. So können rechts- und linksgewundene Stäbe erzeugt werden. Die abwechselnde Kombination gegenläufig gewundener Stäbe ist eine der ältesten Anwendungen von Torsion und Multibarren-Technik (siehe 18.2). Ein Stab kann auch nur partiell tordiert werden, unterbrochen durch gerade Bereiche.

Der sogenannte „Frauenhaar-Damast" wird durch einen Wechsel der Drehrichtung innerhalb eines Stabs erzeugt. Dazu muss der Stab entweder an zwei Punkten befestigt und dazwischen mit einem dritten Werkzeug gedreht, oder Stück für Stück punktuell erwärmt und auf konventionelle Weise abwechselnd mit und gegen den Uhrzeigersinn tordiert werden. Letzteres ist am einfachsten, wenn der Stab bis zur beginnenden Glühfarbe in der Esse erwärmt, dann eingespannt und mit einem Brenner punktuell auf Schmiedetemperatur gebracht wird.

Es sollte vermieden werden, einen bereits tordierten Stab wieder rückwärts zu drehen, weil dabei die Schweißfugen auf Zug belastet werden. Bei nicht einwandfreien Schweißungen kann das zu einem Öffnen der Lagen führen, was sich in diesem Stadium nur sehr schwer wieder beheben lässt.

Praxis-Tipp

- Stab einseitig in den Schraubstock spannen, das andere Ende mit einem doppelgriffigen Verstellschlüssel gleichmäßig drehen, bis die gewünschte Steigung erreicht ist. Gegebenenfalls zwischendurch erneut erwärmen.
- Wenn nötig, mit einem Acetylen-Brenner punktuell nachwärmen, um Unregelmäßigkeiten auszugleichen.
- Tordierten Stab niemals zurückdrehen!

Ein solches Torsionswerkzeug ist einfach gebaut und erlaubt eine sehr kontrollierte Torsion.

Der gleichmäßig erwärmte Stab wird zügig solange in sich verwunden, bis die gewünschte Steigung erreicht ist.

14.3 Weitere Bearbeitung

Wenn die Torsion des Stabs fertig ist, sollte er vor dem weiteren Ausschmieden noch einmal auf Schweißtemperatur gebracht und unter Zugabe von Flussmittel einem weiteren Schweißdurchgang unterzogen werden. So werden die Schweißungen noch einmal verfestigt und der Stab zu einem quadratischen Querschnitt umgeformt. Wenn ein möglichst großer Querschnitt erhalten bleiben soll, kann dieser Arbeitsgang mit den balligen Gesenken eines Maschinenhammers in Querrichtung (von der Mitte nach außen) erfolgen. Wie für das Bitmap-Mosaik (siehe 12.1) beschrieben, muss man dabei von zwei um 90° zueinander versetzten Seiten arbeiten.

Da einige der interessantesten Abschliffstadien von tordierten Stäben (siehe 4.5.2) nahe der Mitte liegen, kann das fertige Paket längs aufgetrennt werden, anstatt viel Material abzuschleifen. Dazu eignet sich ein Winkelschleifer mit einer dünnen (materialsparenden!) Trennscheibe. Das Auftrennen des Pakets sollte behutsam und von allen Seiten erfolgen, um das Risiko des Verklemmens der Trennscheibe bei größeren Schnitttiefen zu verringern. Die zwei Hälften des Pakets können nun einzeln verwendet oder für einen symmetrischen Aufbau gestürzt und „Rücken an Rücken" wieder feuerverschweißt werden.

Wenn mehrere Torsionsstäbe mit der Multibarren-Technik (siehe 18.2) kombiniert werden sollen, werden sie an den Kontaktflächen metallisch blank gemacht und stirnseitig geheftet. Um ein stimmiges Muster zu bekommen, muss man darauf achten, dass die Steigung der unterschiedlichen Stäbe möglichst einheitlich und in der Länge deckungsgleich angeordnet ist.

Praxis-Tipp

- Tordierten Stab unter Flussmittelzugabe auf Schweißtemperatur erwärmen und abwechselnd von zwei um 90° zueinander versetzten Seiten leicht überschmieden, bis ein weitgehend quadratischer Querschnitt erreicht ist.
- Bei Verwendung eines Maschinenhammers und balliger Gesenke den Stab in Querrichtung ausschmieden.

Um wieder einen rechteckigen Querschnitt zu erhalten, sollte der Stab in Querrichtung geschmiedet werden, am besten zunächst bei Schweißtemperatur.

Um das Muster in der Mitte des Pakets ohne großen Materialverlust sichtbar zu machen, kann das Paket aufgetrennt werden.

Die beiden Hälften werden umgedreht und mit der ursprünglichen Innenseite nach außen untereinander oder mit einer Mittellage verschweißt.

Oberflächenmanipulation

Die strukturbeeinflussende Technik der Oberflächenmanipulation (OM) stellt im Prinzip eine Kombination aus Materialabtrag und Deformation des Werkstücks dar. Sie wird aber an dieser Stelle einzeln behandelt, weil es sich um eine klassische Mustertechnik handelt, die in vielen Variationen Anwendung findet. Eine Reihe von „traditionellen" Mustern, die sich damit erzeugen lassen, ist in Abschnitt 4.6 zu finden.

Die Reihenfolge der beiden Arbeitsschritte „Materialabtrag" und „Deformation" kann variiert werden. Die Ergebnisse sind vergleichbar, auch wenn sich im Detail ein paar Unterschiede zeigen. Wird zuerst deformiert und dann geschliffen, spricht man von Prägetechnik, bei umgekehrter Abfolge von Kerbtechniken.

Als Ausgangsmaterial dient in der Regel feinlagiges Laminat. Die meisten Mosaike und andere Strukturen mit charakteristischem, detailreichem Muster bringen mit den OM-Techniken keine guten Ergebnisse. Durch die Überlagerung der verschiedenen Techniken werden beide Muster vermischt und undeutlich.

15.1 Prägetechnik

Das Laminatpaket wird bei dieser Technik zunächst durch Prägen bei Schmiedetemperatur oberflächlich strukturiert. Die Tiefe der Prägungen sollte etwa 1/4 bis 1/3 der Materialstärke betragen, wenn sie beidseitig ausgeführt wird.

Zum Prägen des Werkstücks existieren verschiedene Möglichkeiten. Die einfachste ist die Bearbeitung mit dem Schmiedehammer: Mit der Hammerfinne oder einem Kugelhammer können verschiedene abstrakte Muster erzeugt werden. Allerdings sollten die so geschaffenen „Dellen" eine gewisse Tiefe haben, damit beim späteren Materialabtrag genügend Lagen angeschnitten werden, um ein markantes Muster zu erzeugen. Eine beidseitig gleichmäßige Bearbeitung des Werkstücks ist auf diese Weise sehr schwierig.

Gezieltere und tiefere Dellen können mit verschiedenen Hilfswerkzeugen, Setzhämmern oder Punzen erzeugt werden. Dieser Vorgang ist relativ zeitaufwändig, da das Werkstück oft erwärmt werden muss. Das wiederholte Erwärmen ohne markante Verformung führt außerdem zu Kornwachstum im Stahl, was sich besonders auf die Qualität von Messerklingen negativ auswirkt und durch Rekristallisationsglühen ausgeglichen werden muss.

Eine praktikable Lösung ist die Verwendung einer hydraulischen Presse mit strukturierten Gesenken. Die Eindrucktiefe und Position der Prägung lassen sich dabei sehr präzise steuern. Die Gesenke können eigens dafür hergestellt werden, sollten aber aus einem möglichst warmfesten, gehärteten Werkzeugstahl bestehen, um schnelle Abnutzung zu vermeiden. Alternativ finden sich auf Schrottplätzen Maschinenteile mit brauchbarer Form (Zahnstangen, Kegelräder, Kugellager-Kugeln etc.). Man kann auch größere, bereits strukturierte Punzen aus dem Steinmetz-Bedarf verwenden.

Eine weitere, auf Serienproduktion ausgelegte Variante sind strukturierte Walzen, mit denen Flachmaterial „endlos" mit einem wiederkehrenden Muster geprägt wird.

Wenn das Werkstück fertig geprägt ist, wird es weichgeglüht (siehe Abschnitt 19.3), je nach Möglichkeit entzundert und kann dann abgeschliffen werden. Das präziseste und bequemste Mittel dafür ist eine Flachschleifmaschine mit Magnet-Tisch, aber mit ein wenig Übung kann das Werkstück auch an einem Bandschleifer (grobes Band, Körnung 60) plangeschliffen werden (siehe dazu auch Abschnitt 19.5). Alle hochliegenden Partien um die Prägungen herum werden entfernt, bis das Werkstück wieder

Die Tiefe der Prägungen sollte etwa 1/4 der Materialstärke betragen. Nach dem Abschleifen hat das Werkstück noch 1/2 bis 1/3 der ursprünglichen Stärke.

plan ist. Eine weitere Möglichkeit ist das Planfräsen des (gut weichgeglühten!) Werkstücks.

Alternativ kann das Objekt in seine endgültige Form geschliffen werden. Man sollte dabei aber bedenken, dass die Verformung der Lagen durch die Prägung zur Mitte des Werkstücks hin schwächer wird. Dadurch wird auch das Muster undeutlicher, je mehr Material man entfernt.

Das plangeschliffene Werkstück kann auch durch Schmieden weiter bearbeitet werden. Das erzeugte Muster bleibt dabei an der Oberfläche bestehen. Es empfiehlt sich, die Form des Objekts weitgehend vorzuschmieden und nachträglich nur noch wenig Material abzuschleifen, da die oberflächlichen Muster sonst undeutlicher werden. Beim Ausschmieden muss man beachten, dass das Muster entsprechend der Verformung verzerrt wird. Das kann bei geometrischen Mustern sehr störend sein.

Praxis-Tipp

- Feines Laminatpaket auf Schmiedetemperatur erwärmen, Muster einprägen mit Punzen und Hilfswerkzeugen, besser mit hydraulischer Presse und strukturierten Gesenken.
- Tiefe der Prägung beidseitig je etwa 1/4 Materialstärke.
- Werkstück weichglühen und entzundern.
- Hochliegende Partien durch Schleifen entfernen, bis das Werkstück wieder plan ist.

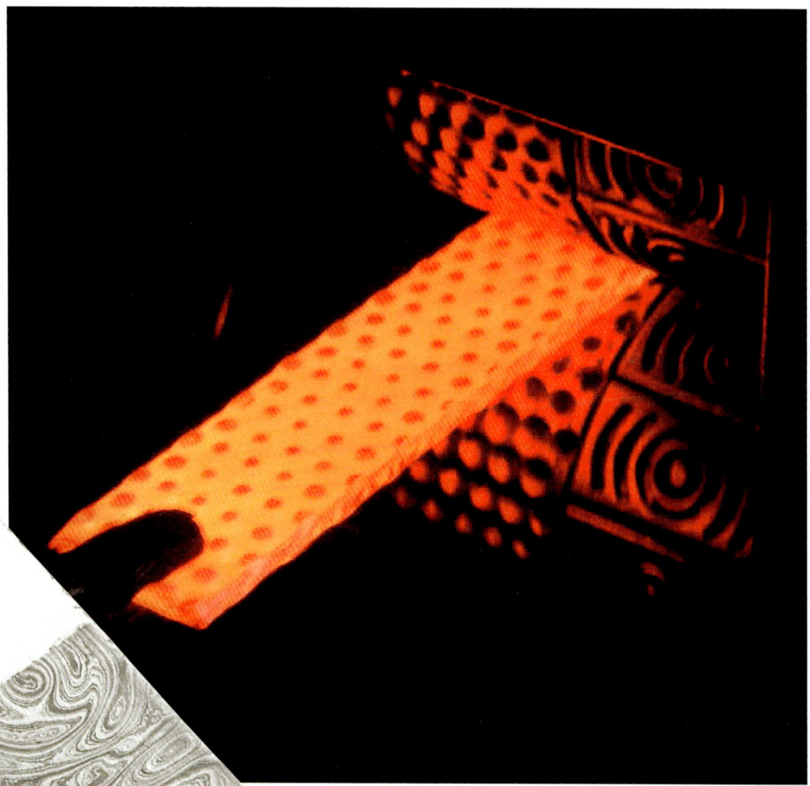

Prägemuster können auch mit entsprechend strukturierten Walzen erzeugt werden.
Foto: Peter J. Stienen

Demonstrationsobjekt zur Prägetechnik von Manfred Sachse.
Foto: Deutsches Klingenmuseum Solingen, Lutz Hoffmeister

Prägetechnik

Plus

- Muster wird nicht verzerrt

Minus

- verschiedene Spezialwerkzeuge oder -vorrichtungen nötig
- großer Materialverlust

Verschiedene strukturierte Setzhämmer zur Erzeugung von Prägemustern.

Foto: Deutsches Klingenmuseum Solingen, Lutz Hoffmeister

15.2 Kerbtechnik

Bei dieser Technik werden die gewünschten Muster zunächst in Form von Kerben durch Materialabtrag erzeugt. Auch hier gilt, dass eine Kerbtiefe von etwa 1/4 bis 1/3 der Materialstärke in den meisten Fällen gute Ergebnisse bringt. Die Geometrie der Vertiefungen sollte möglichst keine scharfen Ecken und Kanten haben, da diese Rissbildung oder ein „Überklappen" beim Ausschmieden begünstigen. Daher sollte man auf V-förmige Rillen verzichten und immer ein leicht gerundetes Profil schaffen. Wenn es nicht auf absolute Symmetrie ankommt, kann das Muster bei beidseitiger Bearbeitung leicht gegeneinander versetzt werden. Dadurch wird die Verzerrung beim Ausschmieden vermindert.

Sollen die Kerben mit zerspanenden Techniken erzeugt werden, muss das Werkstück zuvor weichgeglüht werden (siehe 19.3). Bei ausschließlich abrasiven Techniken kann auf diesen Schritt unter Umständen verzichtet werden, auch wenn er eine deutliche Arbeitserleichterung bringt.

Man kann eine Vielzahl von zerspanenden Verfahren einsetzen, um das Material einzukerben. Die älteste und einfachste Methode ist das Feilen. Maschinenunterstützte Verfahren wie Bohren, Fräsen oder Drehen sparen eine Menge Zeit ein. Je nach Art des gewünschten Musters sollte die beste Technik ausgewählt werden. Der Abschnitt 19.4 enthält einige Grundlagen der Zerspanung von Damaszenerstahl.

Für die abrasive Bearbeitung bietet sich ein Winkelschleifer an. Mit Hilfe verschiedener Trenn- und Schleifscheiben können unkompliziert gerade Kerben erzeugt werden. Bei filigranen und gekrümmten Mustern kann eine biegsame Welle oder ein Hängebohrmotor mit verschiedenen Korund-Schleifstiften zum Einsatz kommen.

Wenn das Muster fertig eingekerbt ist, wird das Werkstück wieder auf Schmiedetemperatur erwärmt und durch Ausrecken egalisiert, bis keine Vertiefungen mehr vorhanden sind. Das Muster wird dabei verzerrt (zumeist in Längsrichtung gestreckt). Der Grad der Verzerrung ist abhängig von der Tiefe der Kerben relativ zur Materialstärke – je tiefer die Kerben, desto mehr muss das Material ausgereckt werden, um wieder eine einheitliche Stärke zu bekommen.

Wie auch bei der Prägetechnik handelt es sich um ein relativ oberflächliches Muster, das zur Mitte des Werkstücks weniger ausgeprägt ist. Daher sollte das Objekt so weit wie möglich vorgeschmiedet und nur noch wenig Material durch Schleifen entfernt werden.

Praxis-Tipp

- Feines Laminatpaket weichglühen und entzundern.
- Durch Bohren, Feilen oder mit dem Winkelschleifer Kerben in Form des gewünschten Musters erzeugen. Kerbtiefe beidseitig je etwa 1/4 der Materialstärke.
- Scharfe Ecken und Kanten verrunden.
- Werkstück auf Schmiedetemperatur erwärmen und ausrecken, bis die Vertiefungen verschwunden sind und es eine einheitliche Materialstärke hat.

Kerbtechnik

Plus

- relativ geringer Materialverlust

Minus

- Muster wird durch Ausschmieden verzerrt

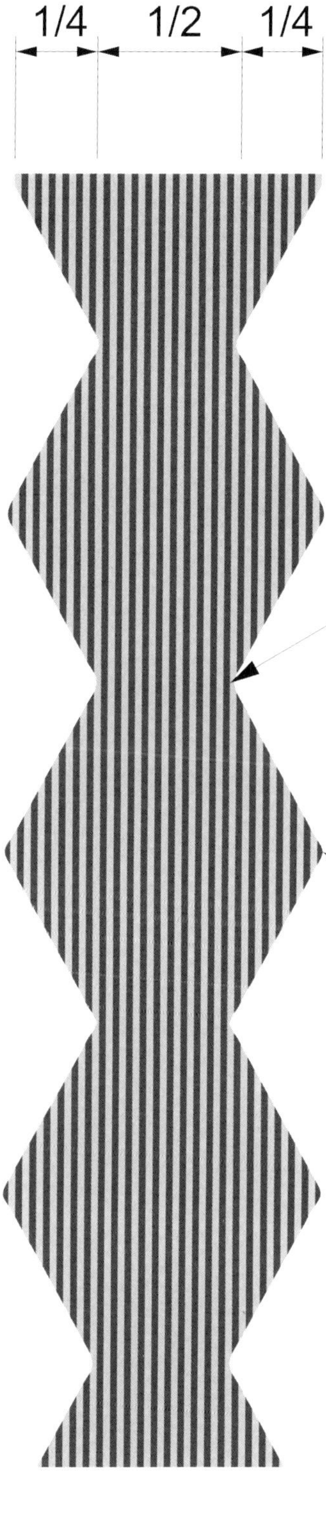

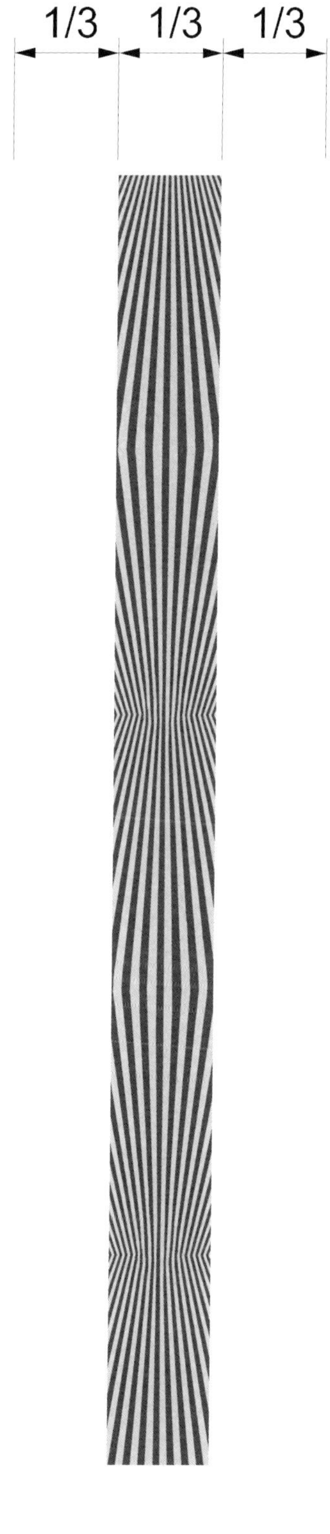

Die Kerbtiefe sollte etwa 1/4 der Materialstärke betragen. Nach dem Ausschmieden hat das Werkstück noch etwa 1/3 der ursprünglichen Stärke.

Gerade Kerben können einfach mit einem Winkelschleifer eingeschnitten werden.

Die angeschnittenen Lagen der Kerben zeichnen sich nach dem Ausschmieden auf der Oberfläche ab.

Beim Planschmieden wird das erzeugte Muster gestreckt.

Deformation

Als Deformation gelten alle Techniken, die das Werkstück und somit die Struktur des Damasts verformen. Technisch gesehen ist die Torsion auch eine Deformations-Technik, wird aber aufgrund ihrer weiten Verbreitung gesondert behandelt (Kapitel 14). Mit den Schmiedetechniken können verschiedene Arten von Deformationen erzeugt werden, zum Beispiel:

- stetige oder abrupte Querschnittsänderung (Spitzen, Breiten, Absetzen)
- Verbiegen
- Stauchen
- Verknittern / Überfalten
- Spalten
- Aufrollen

In manchen Fällen kann die Deformation gleichzeitig der Formgebung des endgültigen Objekts dienen. Das ist vor allem bei relativ schlichten Mustern reizvoll, da die Damast-Struktur der Form des Objekts folgt und diese unterstreicht (siehe 3.3.3).

Soll das Werkstück nach der Deformation noch weiter bearbeitet werden, beispielsweise mit weiteren strukturbeeinflussenden Techniken oder als Teil eines Kombinationsmusters (siehe Kapitel 18), sollte man versuchen, wieder einen weitgehend rechteckigen Querschnitt zu erreichen, um die weiteren Arbeitsschritte zu erleichtern. Das ist jedoch nur bei manchen der zuvor genannten Techniken möglich. Bei anderen stellt es einen Widerspruch dar. In einigen Fällen kann durch Kombination von spiegelbildlich deformierten Teilen wieder ein quaderförmiges Werkstück zusammengesetzt werden.

Die Durchführung der Deformation ist stark von der gewünschten Technik und der vorhandenen Ausstattung abhängig. Im Repertoire der grundlegenden Schmiedetechniken finden sich zahlreiche Anregungen. Aus diesem Grund will ich hier keine Patentrezepte nennen, sondern nur einige gundlegende Tipps geben. Generell sollte man die Orientierung der vorhandenen Damast-Struktur relativ zur Bearbeitungsrichtung beachten. Manche Arten der Belastung führen leicht zur Delamination von nicht ganz perfekten Feuerschweißungen und sollten nach Möglichkeit vermieden werden. Das ist in Abschnitt 19.1 dargestellt.

Kommt es durch die Deformations-Technik zu einer Überfaltung des Materials, die nachträglich wieder feuerverschweißt werden soll, ist es hilfreich, die Kontaktflächen vor dem Zusammenklappen (auf Schmiedetemperatur) mit einer Drahtbürste vom gröbsten Zunder zu befreien. Das erleichtert die spätere „Arbeit" des Flussmittels.

Für eine Reihe von Deformations-Techniken ist eine hydraulische Presse sehr nützlich. Mit dieser Maschine kann das Werkstück regelrecht „geknetet" werden. Mit Hilfe entsprechender Gesenke kann sie auch zum Verbiegen und Aufwölben massiver Werkstücke verwendet werden.

16.1 Explosions-Damast

Eine häufig gefundene Variante der Deformations-Technik ist der sogenannte Explosions-Damast. Hier wird der Effekt ausgenutzt, dass das Werkstück beim Ausrecken an den bearbeiteten Flächen anders verformt wird als in der Paketmitte, was die Damast-Struktur in diesen Bereichen verzerrt. Bei klaren, schlichten Mustern ist dieser Effekt besonders auffällig.

Um Explosions-Damast herzustellen, wird zunächst ein Laminat-Paket benötigt. Es wird mit senkrecht stehenden Lagen ausgereckt und dann durch Falten oder Stapeln vervielfältigt (siehe Kapitel 13). Dabei werden die Längskanten der Lagen miteinander verbunden. Durch die

Durch Deformation wird die interne Struktur des Damasts verzerrt und verkrümmt.

Dieser Würfel wurde durch „Kneten" mit einer hydraulischen Presse deformiert.

Der Würfel von Seite 149 zu einer Scheibe ausgeschmiedet.
Deutlich erkennt man die überfalteten Lagen.

oberflächliche Deformation ergeben sich leichte Versätze, die das Muster beleben. Beim Explosions-Damast ist das Falten dem Stapeln vorzuziehen, da die wiederholte Deformation durch das Ausrecken den „Explosions-Effekt" verstärkt. Um ein möglichst punktsymmetrisches Muster zu erhalten, sollte die Anzahl der auf diese Weise erzeugten Schichten der Lagenzahl des ursprünglichen Laminatpakets entsprechen. Auch mit verzerrten Mustern können interessante Effekte erzielt werden.

Um sternförmige „Explosionen" oder „Spinnennetz-Muster" zu bilden, eignet sich ein ungleichmäßig aufgebautes Laminatpaket, beispielsweise mit wenigen hellen Lagen in einem überwiegend dunklen Hintergrund. Das Paket wird wie eben beschrieben senkrecht ausgereckt und mehrfach gefaltet. Abschließend schmiedet man das Paket über Eck, bis es wieder einen quadratischen Querschnitt hat, in dem die Damast-Struktur jedoch um 45° versetzt ist. Vier Abschnitte dieses Pakets werden, jeweils um 90° zueinander verdreht, wiederum zu einem Paket zusammengelegt und feuerverschweißt. Dieser Vorgang ist technisch identisch mit dem für das Bitmap-Mosaik (siehe 12.1).

Da sich das Muster des Explosions-Damasts nur an der Stirnfläche des Pakets zeigt, müssen weitere Techniken angewandt werden, wenn es auf der Längsfläche sichtbar werden soll. Das kann beispielsweise durch Torsion (Kapitel 14) oder Entfaltung (Kapitel 17) geschehen. Beide Varianten bringen mit Explosions-Damast spannende Ergebnisse.

Praxis-Tipp

- Laminatpaket mit senkrecht stehenden Lagen ausrecken.
- Durch Falten oder Stapeln vervielfältigen.
- Zum Erzeugen sternförmiger Muster das Paket über Eck schmieden, bis es wieder einen quadratischen Querschnitt hat. Vier Abschnitte des Pakets so anordnen, dass sich stirnseitig ein sternförmiges Muster ergibt und erneut feuerschweißen.
- Wenn gewünscht, Muster durch Torsion oder Entfaltung an der Längsfläche des Objekts sichtbar machen.

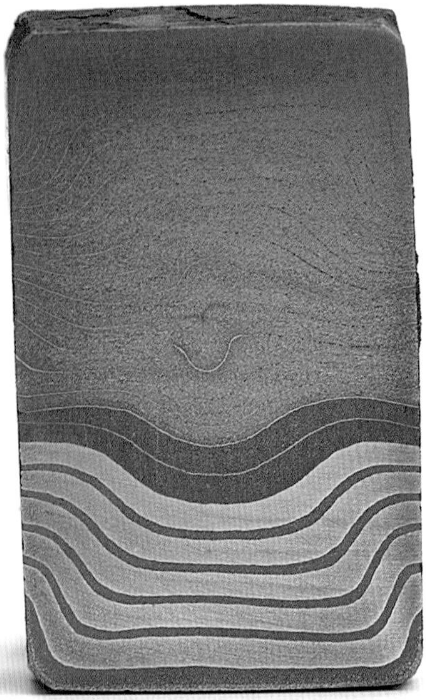

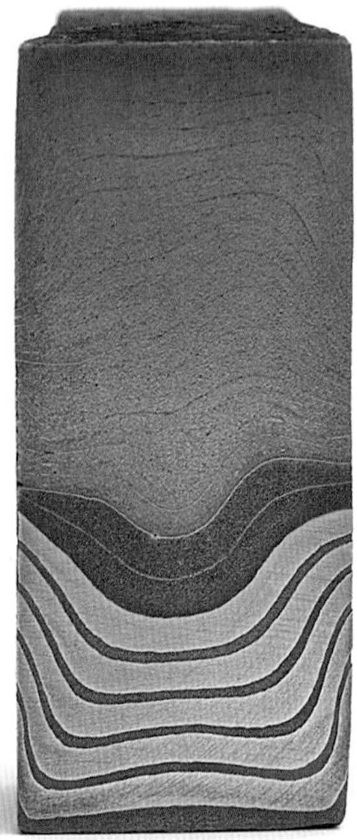

Demonstrationssequenz zur Herstellung von Explosionsdamast von Mick Maxen. Ein ungleichmäßiges Laminatpaket wird verschweißt und durch Ausschmieden mit senkrecht stehenden Lagen deformiert.

Dieses Paket wird zu einem breiteren ...

... und einem schmaleren Teil ausgeschmiedet.

Je zwei Abschnitte des breiteren und des schmaleren Pakets werden kombiniert, die schmalen Stücke außen.

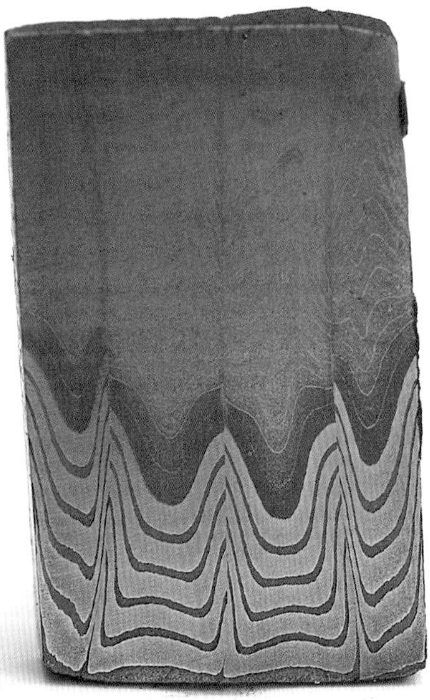

Das Ergebnis wird durch Falten verdoppelt ...

... und noch einmal verdoppelt.

Nun wird das Paket „über Eck" geschmiedet, bis wieder ein quadratischer Querschnitt erreicht ist. Das ursprüngliche Muster ist nun um 45° verdreht.

Schließlich werden vier Abschnitte dieses Pakets wiederum zu einer sternförmigen Explosion kombiniert.

Fotos: Mick Maxen

Entfaltung

Viele interessante Damast-Muster, besonders bildhafte Mosaike und Inschriften, sind nach der Strukturbildung zunächst nur an den Stirnseiten des Pakets sichtbar. Um sie auf der Längsfläche eines Objekts (etwa einer Messerklinge) sichtbar zu machen, können Scheiben eines solchen Pakets wie Kacheln auf eine Kernlage aufgebracht werden (siehe Abschnitt 18.1). Dieser recht aufwändige Vorgang kann mit der Entfaltungs-Technik vereinfacht werden.

Dabei wird das Paket wechselseitig eingekerbt und dann wie eine Ziehharmonika aufgefaltet und ausgereckt, bis es wieder eine einheitliche Materialstärke und plane Oberflächen hat. Durch das Aufklappen entstehen spiegelbildliche Muster des ursprünglichen Motivs, was als Gestaltungselement eingesetzt werden kann.

Das Einkerben, das in früheren Zeiten mit einem Warmschrot vorgenommen wurde, lässt sich durch die Benutzung eines Winkelschleifers mit dünner Trennscheibe erheblich vereinfachen. Die Tiefe der Einkerbungen sollte dabei so gewählt werden, dass die verbleibende Materialstärke in etwa der Dicke der einzelnen „Scheiben" entspricht. Dieses Maß sollte maximal ein Drittel der Paketbreite betragen.

Der Grund des Einschnitts sollte möglichst rund ausgeführt sein (was sich bei einer Trennscheibe von selbst ergibt), um die Gefahr einer Rissbildung beim Entfalten zu minimieren. Um zu verhindern, dass die Kanten neben den Einschnitten beim Ausrecken überfaltet werden, kann man sie leicht verrunden.

Das fertig eingeschnittene Paket wird nun auf Schweißtemperatur erwärmt und Stück für Stück aufgebogen. Dabei ist es ratsam, zunächst alle Einschnitte mit einem Abschrot zu öffnen und dann einen nach dem anderen über der Ambosskante mit leichten Hammerschlägen aufzubiegen. Da am Grund des Einschnitts große Zugkräfte auftreten und es leicht zu Rissbildung und Abschälung kommen kann, muss das Aufbiegen behutsam und auf keinen Fall bei zu geringer Temperatur erfolgen.

Ist das Paket auf diese Weise zu einer „geraden" Stange entfaltet worden, wird es erneut auf Schweißtemperatur erwärmt und längs ausgereckt, bis die „Knoten" der Knickpunkte egalisiert sind.

Praxis-Tipp

- Zu entfaltendes Paket wechselseitig mit Winkelschleifer und dünner Trennscheibe einschneiden.
- Die verbleibende Materialstärke entspricht dem Abstand zwischen zwei gegenüber liegenden Einschnitten (maximal ein Drittel der Paketbreite).
- Paket auf Schweißtemperatur erwärmen und alle Einschnitte mit einem Abschrot öffnen, dann nacheinander bei hoher Schmiedetemperatur über der Ambosskante aufbiegen.
- „Schlangenlinien-Paket" bei Schweißtemperatur längs ausrecken, bis die Knickpunkte egalisiert sind.

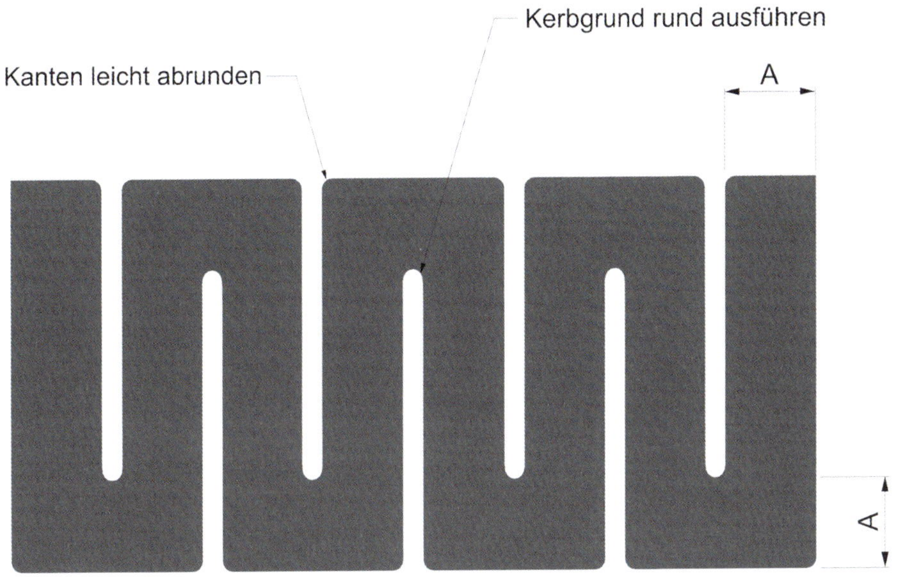

Vor der Entfaltung wird das Paket wechselseitig eingeschnitten. Das Maß A sollte dabei ein wenig größer sein als die geplante Endstärke des Werkstücks nach der Entfaltung.

Demonstrationsobjekt von Peter J. Stienen zur Darstellung der Entfaltungstechnik.

Foto: Peter J. Stienen

Kombinationsmuster

In vielen Fällen werden einzeln gebildete oder unabhängig bearbeitete Damast-Strukturen kombiniert. Je nach Orientierung der einzelnen Komponenten relativ zur Sichtfläche kann das in Deckschicht- oder Multibarren-Technik erfolgen. Eine weitere Möglichkeit sind partielle Intarsien.

18.1 Deckschicht-Technik

Bei dieser Technik wird eine Kernlage, die in vielen Fällen aus Monostahl besteht, mit einem gemusterten Damast belegt. Das Verfahren ist vergleichbar mit dem bekannten Furnieren von Holz-Plattenwerkstoffen.

Ein solcher Dreischicht-Aufbau wird im Prinzip genau wie ein Laminat-Paket bearbeitet. Kernlage und Deckschichten werden in der gewünschten Anordnung zusammengelegt und stirnseitig geheftet. Die Relation der Materialstärken von Deckschichten und Kernlage bleibt auch beim Ausrecken erhalten, was hinsichtlich der weiteren Bearbeitung beachtet werden muss. Wird eine Messerklinge daraus geschliffen, wird die Deckschicht partiell entfernt, wobei die Schneidlage freigelegt wird. Je dicker die Schneidlage in Relation zu den Deckschichten ist, desto breiter wird sie durch den Anschliff sichtbar. Eine sehr dünne Kernlage hingegen kann leicht aus der Mitte laufen, wenn die Klinge nicht sehr sorgfältig und gerade geschmiedet wurde. Das ist besonders ungünstig, wenn für die Deckschichten nicht härtbare Materialien wie zum Beispiel Nickel verwendet wurden.

Neben vollflächigen Decklagen können auch einzelne „Kacheln“, zum Beispiel abgeschnittene Scheiben eines Mosaik-Pakets, auf eine Kernlage aufgebracht werden. Die Stücke sollten möglichst exakt aneinander liegen und keine nennenswerten Spalten aufweisen. Zur Fixierung ist es am einfachsten, längsseitig an den Ecken der Kacheln möglichst kleine Heftpunkte zu setzen, die nach dem Feuerschweißen durch Schleifen entfernt werden. Mehr als zwei Reihen von Kacheln zu fixieren ist auf diese Weise nicht möglich. Das kann aber unter Umständen mit einem Punktschweißgerät erfolgen.

18.2 Multibarren-Technik

Bei dieser Technik werden mehrere Damast-Stäbe, meistens mit ungefähr quadratischem Querschnitt, miteinander kombiniert. Sie liegen in der späteren Ansichtsfläche des Objekts parallel nebeneinander.

Die einzelnen Komponenten sollten an den Kontaktflächen blank und wenn möglich plan geschliffen werden. Dabei ist wichtig, dass der Querschnitt der einzelnen Stäbe rechtwinklig bleibt. Nun werden die Stäbe in der geplanten Abfolge zusammengelegt und stirnseitig geheftet. Es ergibt sich ein schmales, hohes Paket, was beim Feuerschweißen zu Problemen führen kann: Je mehr Stäbe kombiniert werden, desto höher wird das Paket in Relation zur Breite. Dieses ungünstige Verhältnis führt leicht dazu, dass ein nicht ganz gerader Hammerschlag das Paket verkippen lässt und die Stäbe seitlich auseinander treibt. Daher muss man sehr sorgfältig vorgehen, das Paket stets senkrecht auflegen und mit gut platzierten, geraden Schlägen bearbeiten.

Wenn das Paket einmal schräg geworden ist oder sich zu einer Seite wölbt, ist es äußerst schwierig zu retten. In manchen Fällen hilft nur, das Werkstück erkalten zu lassen, die Stäbe voneinander zu trennen und die Kontaktflächen durch Schleifen wieder rechtwinklig und parallel zu machen, wobei allerdings ein Teil des Musters verloren geht.

Wenn die Schweißung gelungen ist, kann das Multibarren-Paket wie gewohnt weiter bearbeitet werden. Genau wie der ähnlich aufgebaute Streifen-Damast (siehe 4.3)

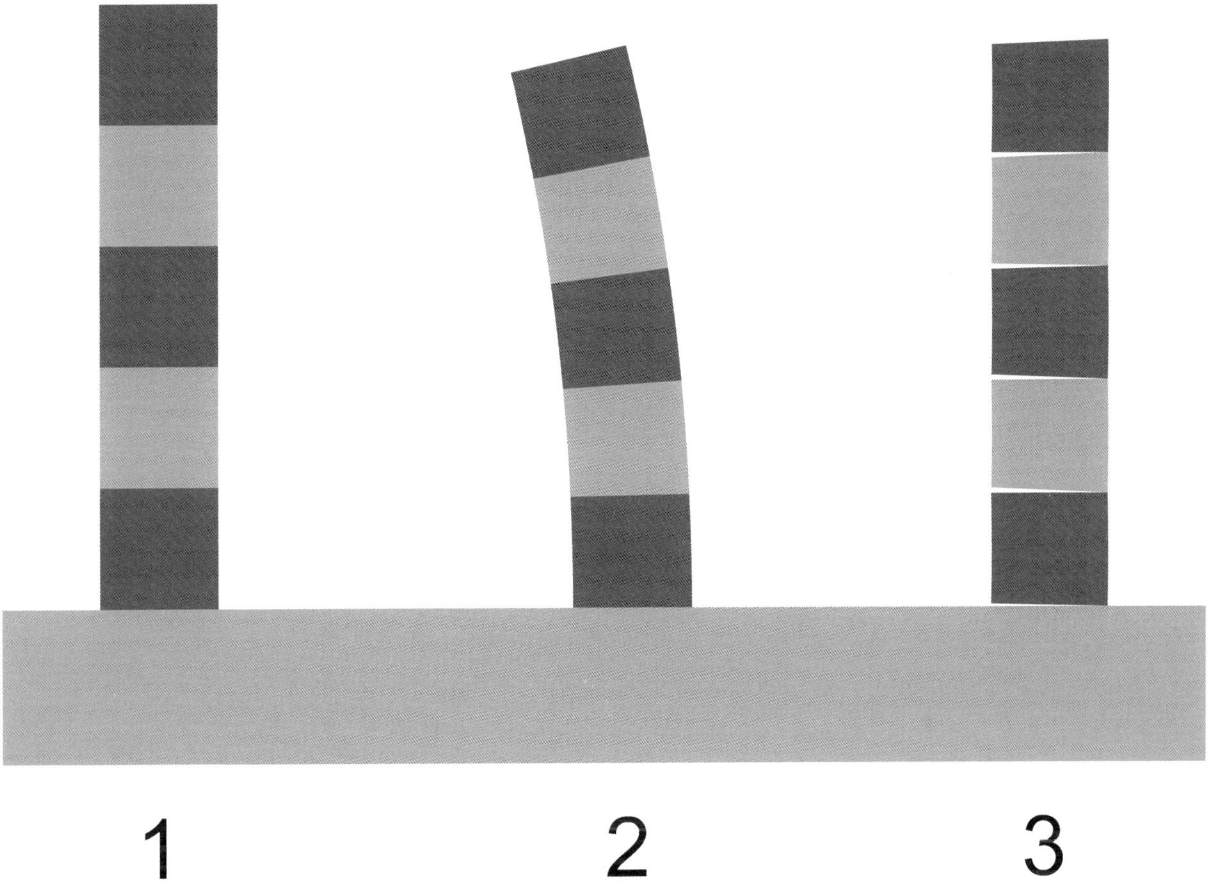

Durch das schlechte Verhältnis von Höhe und Breite eines Multibarren-Pakets reagiert es empfindlich auf schräg gesetzte Schläge. Ist es erst einmal verformt (2), kann man es nur sehr schwer retten, da nach dem Richten die einzelnen Stäbe keinen vollflächigen Kontakt mehr haben (3) und somit sofort wieder seitlich „ausbrechen".

zeigt ein Multibarren-Paket sehr schön den Verlauf der Struktur bei Querschnittsveränderungen. Wenn gewünscht, kann die Kontur des endgültigen Objekts weitestgehend vorgeschmiedet werden, um diesen Effekt zu unterstreichen.

Ein klassischer Multibarren-Aufbau ist die Verwendung mehrerer, abwechselnd rechts- und linksgewundene Torsionsstäbe gleicher Steigung. Wird eine solche Anordnung als Messerklinge angeschliffen, zeigt sich eine Abfolge der unterschiedlichen Abschliffstadien (siehe 4.5.2), da von den Stäben zur Schneide hin immer mehr Material entfernt wird.

18.3 Intarsien-Technik

Anstatt eine Kernlage vollflächig mit „Kacheln" einer anderen Damast-Sorte zu bedecken, kann man auch einzelne solcher Elemente in eine Fläche einlegen. Die Seitenflächen der Intarsie sollten nach Möglichkeit zur Unterseite hin abgeschrägt (etwa 45°) und ihre Unterkanten verrundet werden. Senkrechte Flächen führen zu einer überwiegend seitlichen Verdrängung des Grundmaterials, wodurch rund um das eingelegte Plättchen Spalten entstehen, die sich nur schwer wieder schließen lassen.

Die verwendeten Intarsien sollten eine möglichst geringe Materialstärke aufweisen, damit nicht zu viel vom Grundmaterial verdrängt werden muss, um wieder eine plane Fläche zu erhalten. Dickere Teile können in vorbereitete Taschen eingelegt werden, was aber mehr Aufwand bei der Vorbereitung bedeutet. Derartige Taschen können durch Prägen erzeugt werden, zum Beispiel mit einer hydraulischen Presse und den (kalten) einzulegenden Plättchen. Auch materialabtragende Verfahren (Fräsen, Bohren) sind möglich. Die Seitenflächen der Vertiefung müssen ebenfalls schräg ausgelegt werden, um Einschlüsse von Flussmittel und Schlacke zu vermeiden.

Die Tiefe der Taschen muss so gewählt werden, dass das eingelegte Plättchen noch etwa zwei bis drei Millimeter hervorsteht, damit es durch die Schweißschläge in das Grundmaterial hineingedrückt wird und eine vollflächige Verbindung zustande kommt. Zudem sollten die Plättchen seitlich ein wenig (ein bis zwei Millimeter) überstehen. Geprägte Taschen sollte man vor dem Einlegen der Plättchen durch Sandstrahlen von der Zunderschicht befreien.

Die Fixierung der Teile auf dem Grundmaterial ist in vielen Fällen ein Problem. Je nach Situation kann man sie eventuell mit kleinen Heftpunkten sichern, die später vom überstehenden Rand der Intarsie wieder verdeckt werden. Auch ein Punktschweißgerät kann hier gute Dienste leisten. Zur Not kann man sich auch mit Bindedraht behelfen, der nach den ersten Schweißschlägen entfernt wird. Um eine Verbindung von Draht und Damastpaket zu vermeiden, sollte (chromhaltiger) Edelstahl-Draht verwendet werden.

Beim Feuerschweißen muss man reichlich Flussmittel zugeben. Die Schweißschläge müssen zuerst die Mitte des Plättchens treffen und dann zu den Rändern hin fortgesetzt werden, um Flussmittel und Oxide herauszudrücken. Zum Schluss werden die Ränder des Plättchens mit dem Grundmaterial verbunden.

Generell können auch lineare Elemente intarsiert werden, wie zum Beispiel bei der Draht-Damaszierung (siehe 4.10). Dafür müssen entsprechende Rillen vorbereitet werden, was mit einer Trennscheibe oder einem kleinen HSS-Kugelfräser erfolgen kann. Auch bei diesem Verfahren sollten die eingelegten Teile sowohl in der Höhe als auch seitlich überstehen, damit sie in das Grundmaterial gedrückt werden können.

Da es sich bei den Intarsien um oberflächliche Muster handelt, sollte das Objekt weitgehend in Form geschmiedet und nur noch wenig geschliffen werden, um die mühsam eingelegten Verzierungen nicht wieder zu entfernen.

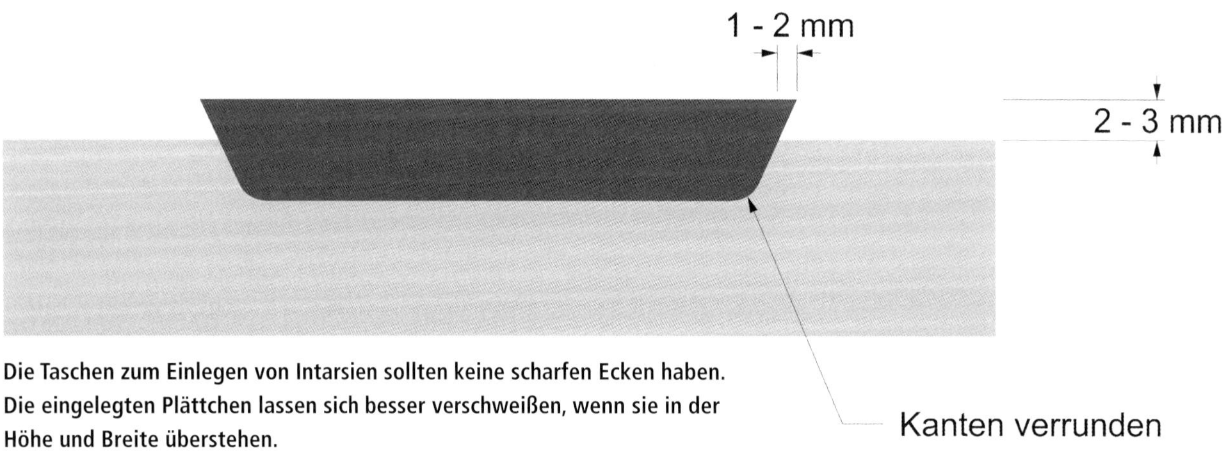

Die Taschen zum Einlegen von Intarsien sollten keine scharfen Ecken haben. Die eingelegten Plättchen lassen sich besser verschweißen, wenn sie in der Höhe und Breite überstehen.

Bearbeiten von Damast

In diesem Abschnitt will ich auf Besonderheiten bei der Bearbeitung von Schweißverbund-Damast mit verschiedenen Techniken eingehen. Ich hoffe, dem Leser damit hilfreiche Tipps an die Hand zu geben.

19.1 Schmieden

Beim Schmieden von Schweißverbund-Damast muss man vor allem beachten, dass die Schweißfugen in den meisten Fällen Schwachstellen des Materials darstellen. Besonders ungnädig verhalten sie sich bei Schälbelastung, was aber nur in Sonderfällen auftritt.

Normalerweise entsteht die ungünstigste Belastung beim Ausbreiten des Materials mit senkrecht stehenden Lagen. Dabei werden die Schweißungen auf Zug belastet. Unter Umständen kann es auch durch ein Aufpilzen des Werkstücks zu Schälkräften kommen.

Generell sollte man versuchen, ein derartiges Ausbreiten zu vermeiden, zum Beispiel indem man mit einem entsprechend hohen Paket beginnt und es vorwiegend schmaler schmiedet. Ist der Vorgang unvermeidlich, können die Enden des Pakets durch eine Elektro-Schweißnaht zusammengehalten werden, die zum Schluss wieder entfernt wird. Das Ausbreiten sollte sehr behutsam und nur in einem relativ hohen Temperaturbereich erfolgen.

Schmiedevorgänge, bei denen die Schweißfugen nur auf Druck belastet werden, bringen in den meisten Fällen keine besonderen Probleme mit sich. Besonders bei der Verwendung von Materialien mit hohem Kohlenstoffgehalt sollte man aber auf die Einhaltung des korrekten Schmiedetemperaturbereichs achten, um Rissbildung zu vermeiden.

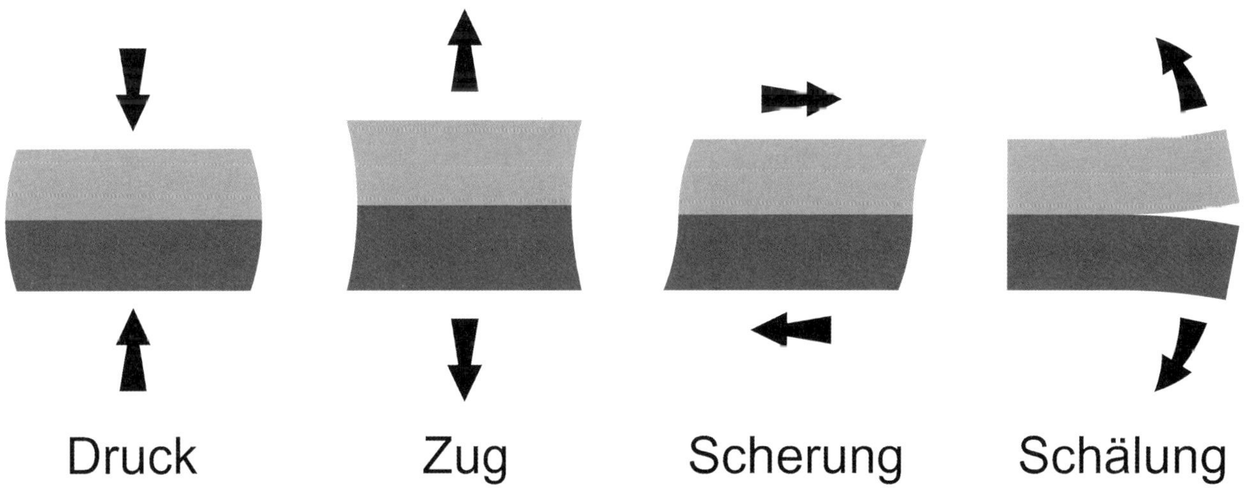

Druckbelastungen auf Schweißfugen stellen kein Problem dar. Zug- und Scherbelastungen sind problematischer, was jedoch durch eine vorsichtige Arbeitsweise ausgeglichen werden kann.

Sollte es beim Schmieden zur Delamination einzelner Bestandteile kommen, muss der Fehler sofort durch Nachschweißen behoben werden, um eine Ausweitung des Problems zu vermeiden.

Praxis-Tipp

- Schäl- und Zugbelastungen auf die Schweißfugen nach Möglichkeit vermeiden oder gering halten.
- Falls unumgänglich, Paketenden mit einer Elektro-Schweißnaht sichern und diese nachträglich entfernen.

19.2 Trennen

Neben dem schmiedetechnischen Verfahren des Spaltens können bei Damaszenerstahl auch die meisten abrasiven und thermischen Trennverfahren verwendet werden. Vom Kaltmeißeln oder Scheren ist abzuraten. Alle der folgenden Verfahren funktionieren sowohl im harten als auch im weichgeglühten Zustand, mit leichten Einschränkungen beim abrasiven Trennen (höherer Werkzeugverschleiß).

Die zweckmäßigste handwerkliche Methode ist die Verwendung eines Winkelschleifers mit dünner Trennscheibe (0,8 oder 1,0 mm). Die dünne Scheibe reduziert den Materialverlust und den Wärmeeintrag in das Werkstück. Letzteres ist von Bedeutung, wenn das Werkstück vor dem Trennen bereits weichgeglüht wurde. Durch eine starke Erwärmung neigt das Material der Schnittkanten zum Aufhärten, was eine spätere spanende Bearbeitung erschwert. Dieses Problem ist beim Trennen von dünnen Querschnitten am größten.

Sofern nötig (zum Beispiel bei Kurvenschnitten), kann das Material auch mit einem Acetylen- oder Plasma-Schneidbrenner getrennt werden. Dabei muss man beachten, dass die unterschiedlichen Stähle im Bereich der Schnittkanten zusammenschmelzen und dieses Material entfernt werden muss, um die Damast-Struktur wieder freizulegen. Außerdem findet bei diesen thermischen Verfahren eine kräftige Aufhärtung der Schnittkanten statt.

Die Bearbeitung mit Laser- oder Wasserstrahlschneidverfahren funktioniert ebenfalls ohne Einschränkungen. Aufgrund der Korrosionsneigung des Materials ist Laserbearbeitung in der Regel die bessere Wahl. Auch hier findet eine Aufhärtung der Schnittkanten statt, allerdings deutlich schwächer als beim Brennschneiden. Das Verschmelzen der Lagen ist durch den gezielteren Energieeintrag im Normalfall so begrenzt, dass dieser Bereich bei der Oberflächenbearbeitung ohnehin entfernt wird.

Praxis-Tipp

- Handwerklich: Winkelschleifer mit dünner Trennscheibe (0,8 oder 1,0 mm)
- Maschinell: Laserschneiden

Laserschneiden ermöglicht ein präzises Ausschneiden der Kontur. Das Material muss nicht weichgeglüht werden.

19.3 Weichglühen

Ist der Schmiedevorgang abgeschlossen, sollte das Material vor der spanenden oder abrasiven Bearbeitung weichgeglüht werden. Bei den üblicherweise recht dünnen Querschnitten von Damaszenerstahl-Objekten neigen einige der verwendeten Materialien auch beim Abkühlen an der Luft schon dazu, teilweise auszuhärten. Das erschwert die abrasive Bearbeitung und treibt den Verbrauch von Schleifmitteln in die Höhe. Eine spanende Bearbeitung solcher Werkstücke ist zumeist qualvoll und teilweise nur mit Hartmetall-Werkzeugen möglich.

Eine einfache Methode zum Weichglühen ist es, das Werkstück in der langsam abkühlenden Glut des Kohlefeuers erkalten zu lassen. Dieses Vorgehen ist aber nicht besonders empfehlenswert, da die Ergebnisse ungleichmäßig und nur teilweise befriedigend sind.

Mit einem Elektroofen lassen sich dagegen sehr gute Ergebnisse erzielen. Dazu wird das Werkstück auf eine bestimmte Temperatur erwärmt (bei den meisten Werkstoffen und -kombinationen im Bereich von 680 bis 700 °C, siehe Tabelle 01 im Anhang). Diese muss eine gewisse Zeit gehalten werden (je nach Querschnitt etwa 45 bis 60

Ein solcher Halter aus Blech ist einfach herzustellen und praktisch für jegliche Wärmebehandlung im Ofen.

Minuten). Anschließend kann der Ofen ausgeschaltet werden, so dass das Werkstück über eine lange Zeit abkühlt. Je nach Dämmung des Ofens kann das zwischen vier und zwölf Stunden dauern.

Um bei der weiteren Bearbeitung die Werkzeuge zu schonen, sollte man nach dem Weichglühen eine entstandene Zunderschicht durch Sandstrahlen entfernen.

Eine Übersicht mit Daten zur Wärmebehandlung der in Abschnitt 6.3 vorgestellten Werkstoffe findet sich in Tabellenform im Anhang des Buchs (Seite 171).

Praxis-Tipp

- Werkstück im Elektroofen auf etwa 700 °C erwärmen.
- 60 Minuten Haltezeit.
- Ofen ausschalten und erkalten lassen, ohne den Ofen zu öffnen.
- Werkstück entzundern (Sandstrahlen).

Klingen beim Weichglühen im Elektro-Ofen.

19.4 Zerspanen

Sofern das Material weichgeglüht ist, stellt eine spanende Bearbeitung von Damaszenerstahl keine besonderen Anforderungen. Das gilt gleichermaßen für das Feilen, Sägen Bohren, Drehen, Fräsen und andere Zerspanungsverfahren. Werkzeuge, Schnittgeschwindigkeit und Kühlmittel müssen in Abhängigkeit vom Material ausgewählt werden. Da es sich bei den Ausgangsmaterialien von Damaszenerstahl meist um Werkzeugstähle handelt, lohnt sich die Verwendung von HSS-Werkzeugen hinsichtlich Ergebnis und Standzeit. Sofern es kostenmäßig erträglich ist, sollte man Hartmetall-Werkzeuge (zum Beispiel Wendeschneidplatten) verwenden.

Bei relativ groben Mustern und Werkstoffen mit stark unterschiedlicher Zusammensetzung kann es durch das unterschiedliche Zerspanungsverhalten zu Einbußen bei der Oberflächengüte kommen, so dass man das Werkstück anschließend noch einmal schleifen muss. Bei sehr genauen Dimensionsvorgaben (Passungen) sollte man das vorher einkalkulieren.

Wenn es notwendig ist, ein bereits gehärtetes Werkstück zu bearbeiten, kann das nur mit Hartmetallwerkzeugen erfolgen. Voll-Hartmetallwerkzeuge (Bohrer, Fräser, Reibahlen etc.) sind extrem teuer und zugleich bruchempfindlich. Als preisgünstige, qualitativ aber auch schlechtere Alternative kann man Betonbohrer umfunktionieren, die über eine (stumpfe) Hartmetallplatte in der Spitze verfügen. Durch einen entsprechenden Anschliff kann man sie für die Stahlbearbeitung einsetzen.

Praxis-Tipp

- Material gut weichglühen!
- HSS- oder – sofern erschwinglich – HM-Werkzeuge verwenden. Feilen von guter Qualität benutzen, andere sind zu schnell unbrauchbar.
- Schnittgeschwindigkeit, Kühl-/Schmiermittel etc. an die verwendeten Materialien anpassen. Im Zweifelsfall nach dem Stahl mit dem höchsten C-Gehalt richten.

Verschiedene Zerspanungswerkzeuge: Reibahle, Spiralbohrer, Planmesserkopf, Gewindebohrer, verschiedene Fräser (von links nach rechts).

19.5 Schleifen

Die Bearbeitung mit verschiedenen Schleifverfahren nimmt meistens einen Großteil der Zeit in Anspruch, der für die Anfertigung eines Objekts aus Damaszenerstahl benötigt wird. Daher sollte diese langwierige Arbeit wenn irgend möglich optimiert werden. Das kann durch optimales Weichglühen des Werkstücks, die Verwendung von Hochleistungs-Schleifmitteln und entsprechende Maschinen geschehen. Erfahrungsgemäß lassen sich durch eine feine Abstufung der Körnungen Bearbeitungszeit und Schleifmittelverbrauch insgesamt senken. Das gilt besonders für die Feinbearbeitung nach dem Härten.

Ein universell bewährtes Hilfsmittel ist der Bandschleifer. Bei der Anschaffung eines Bandschleifers sollte man darauf achten, dass man sowohl am Kontaktrad als auch an einer Planfläche schleifen kann. Die Bandlänge sollte möglichst nicht unter zwei Metern liegen, da sich das Werkstück um so schneller erwärmt, je kürzer das Band ist. Die Bänder sollten nach Möglichkeit keine überlappende Klebefuge haben. Eine Drehzahlregelung der Maschine ist sehr sinnvoll, da bei feineren Körnungen eine niedrige Schnittgeschwindigkeit bessere Ergebnisse liefert.

Der Bandschleifer ist ein universelles Hilfsmittel bei der Bearbeitung von Damast.

Zur Bearbeitung enger Radien und schwer zugänglicher Ecken gibt es kein Patentrezept. Dabei können kleinere Schleifräder, Korundschleifstifte, Schleiffächer, Schleifhülsen auf Gummihaltern oder ähnliche Hilfsmittel eine Lösung bieten. Auch im Goldschmiedebereich findet sich eine große Auswahl von kleinen Schaftwerkzeugen, von denen sich viele auch zur Stahlbearbeitung eignen. Oft liegt die beste Lösung in einer Kombination dieser Werkzeuge mit verschiedenen Handschliff-Hilfsmitteln.

Weil nach dem Härten eine Überhitzung des Materials um jeden Preis vermieden werden muss, sollte eine maschinelle Bearbeitung in diesem Stadium nur mit geringer Schnittgeschwindigkeit und großer Vorsicht erfolgen. Besonders der dünne Schneidenbereich eines Messers darf nach dem Härten nur noch unter Verwendung eines Kühlmittels maschinell bearbeitet werden. Bewährt hat sich ein wassergekühlter Schleifstein, der außer zum Anschleifen und Schärfen von Messerschneiden auch für das Feinschleifen der Flächen eines Objekts verwendet werden kann.

Trotz allem wird man nicht umhin kommen, einige Körnungen oder Stellen am Objekt von Hand zu schleifen. Dazu empfiehlt sich die Investition in das beste Schleifmaterial, das zu bekommen ist, denn auch das ist noch schnell genug stumpf. Auf jeden Fall sollte, sofern in der gegebenen Körnung erhältlich, Schleifleinen verwendet werden. Es lässt sich leicht in passende Stücke reißen, schmiegt sich besser um Schleifklötze und in enge Ecken und hält auch länger als Schleifpapier. Sehr feine Körnungen (über K400) sind nur selten als Leinen zu bekommen. Für diesen Zweck sind Läpp- und Honfolien mit Korngrößen von 30 µm und kleiner eine hervorragende Alternative. Besonders bei feinen Körnungen kann durch die Verwendung von Öl die Standzeit der Materialien gesteigert werden.

Für den ganz feinen Schliff und das Zwischenschleifen beim Ätzen (siehe 19.7) haben sich sogenannte Micro-Mesh-Schleifmittel bewährt. Sie haben eine gute Standzeit und sind in extrem feinen Körnungen erhältlich (Achtung: Die Micro-Mesh-Angaben entsprechen nicht dem gewohnten EU-Norm-System. Die feinste Körnung MM12000 entspricht etwa K4000).

Hier eine Empfehlung für die Abfolge verschiedener Schleif-Arbeitsgänge und die verwendeten Werkzeuge:

Weichglühen / Sandstrahlen

a) in Form Schleifen
Bandschleifer K60 / Feilen / Handschliff K80

b) Feinschleifen
Bandschleifer K120 / Handschliff K120

Härten / Sandstrahlen / Anlassen

c) Verzug ausgleichen (sehr vorsichtig; Überhitzung!)
Nassschleifstein K240 / Bandschleifer K120 / Handschliff K120

d) Feinschleifen
Bandschleifer K400-K600 /
Handschliff K220-K320-K400

e) Finish
Nassschleifstein K800 / Handschliff K600-K800 (30μ-12μ)

Ätzen

f) Zwischenschleifen / Schattieren
Handschliff K1200-K2000
(MM3600-MM6000-MM12000)

Verschiedene Handschleifmittel: Schleifgewebehalter (einseitig mit Gummi belegt), Läpp- und Honfolien, Schleifgewebe, Micro-Mesh-Pads (von links nach rechts).

Maschinen-Schleifwerkzeuge: Halter mit Schleifhülse, Silikon-Polierer, Fächerschleifrad, Korund-Schleifstifte, Diamant-Scheibe (von links nach rechts).

19.6 Härten & Anlassen

Die Wärmebehandlung von Stahl ist eine Kunst für sich. Dieses Thema in aller Ausführlichkeit zu behandeln, wäre zu umfangreich für den Rahmen dieses Kapitels. Wie bereits an anderen Stellen, möchte dazu auf das Buch „Messerklingen und Stahl“ von Roman Landes verwiesen. Im Folgenden gebe ich nur einige Praxistipps, die aber ohne ein Verständnis des Härtevorgangs nicht ausreichen, um spezielle Fälle und besondere Eigenschaften zu erreichen.

Neben seinem Einfluss auf die mechanischen Eigenschaften des Werkstoffs wirkt sich die Art des Gefüges auch auf die Reaktionsfreudigkeit mit verschiedenen Ätzmedien aus. Ein gehärtetes Werkstück wird deutlich stärker von der Säure angegriffen als ein weichgeglühtes, und der Kontrast ist markanter. Das bedeutet, dass ein Damast-Objekt in jedem Fall gehärtet werden sollte, wenn ein starker Kontrast erwünscht ist. Außerdem sollte man eine partielle Härtung vermeiden, da sonst die Ätzung ungleichmäßig ausfällt.

Zum Härten muss das Werkstück zunächst erwärmt und dann abgeschreckt werden. Die zu erreichende Temperatur, die Haltezeit und die Art des Abschreck-Mediums hängen von den verwendeten Materialien und dem Querschnitt des Werkstücks ab und können im „Stahlschlüssel“ nachgeschlagen werden. Es hat sich bewährt, bei unterschiedlichen Werkstoffen die höchste der Härtetemperaturen und das sanfteste der Abschreckmedien zu verwenden. Sollte sich so keine brauchbare Härte einstellen, kann man mit dem nächst-„schärferen“ Abschreckmedium einen weiteren Versuch unternehmen.

Die Haltezeit ist überwiegend vom Querschnitt des Werkstücks abhängig. Bei Messerklingen kann sie fast vernachlässigt werden. Zwei bis fünf Minuten reichen (bei niedrig legierten Stählen) aus. Eine unnötig lange Haltezeit sorgt für unerwünschtes Kornwachstum, was sich negativ auf die Qualität einer Schneide auswirkt.

Nachdem das Werkstück gleichmäßig auf Härtetemperatur erwärmt ist, wird es vorsichtig aus dem Ofen geholt und abgeschreckt. Um Verzug zu vermeiden oder zumindest zu minimieren, sollte das Werkstück zügig und gleichmäßig in das Abschreck-Medium eingetaucht und dann gemächlich hin- und herbewegt werden. Nach einer gewissen Zeit (abhängig vom Querschnitt) ist es ausreichend erkaltet und kann herausgenommen werden.

Zum Anlassen der meisten Werkzeugstähle ist ein gewöhnlicher Backofen ausreichend.

Nach dem Abschrecken und Auskühlen empfiehlt es sich, eventuell vorhandene Ölrückstände möglichst gründlich zu entfernen. Zunder und Verunreinigungen kann man per Sandstrahler entfernen, bevor mit der Feinbearbeitung begonnen wird.

Das Anlassen sollte möglichst innerhalb von vier bis sechs Stunden nach dem Härten erfolgen. Ein handelsüblicher Küchenbackofen ist dafür gut geeignet. Das Anlassen erfolgt meist in zwei bis drei Zyklen, das heißt das Werkstück wird mehrmals erwärmt und eine gewisse Zeit auf Temperatur gehalten. Zwischen den einzelnen Zyklen wird es aus dem Ofen genommen und abgekühlt. Die Temperaturen und Haltezeiten sind von den Materialien und dem Verwendungszweck des Objekts abhängig. Hier eine Empfehlung zur Wärmebehandlung, die bei den folgenden Werkstoffkombinationen funktioniert:

- 1.2842 + 1.2767
- 1.2842 + 1.2796
- 1.2842 + Nickel

Härten: 820-840 °C, Haltezeit 2-20 min

Anlassen: 180-220 °C, Haltezeit 2 x 45-60 min

Eine Übersicht mit Daten zur Wärmebehandlung der in Abschnitt 6.3 vorgestellten Werkstoffe findet sich in der Tabelle im Anhang.

19.7 Ätzen

Die verschiedenen Ätzmedien und ihre Eigenschaften wurden im Abschnitt 9.2 bereits vorgestellt. Wie lange (also wie tief) der Damast geätzt werden sollte, ist stark von gestalterischen Gesichtspunkten abhängig. Um nur das Muster sichtbar zu machen, reicht eine sehr kurze Ätzung aus. Das hat sogar den Vorteil, dass der „helle“ Stahl kaum anläuft und so ein sehr kräftiger Kontrast und scharfe Kanten zwischen Hell und Dunkel erzielt werden können.

Bei längerer Ätzdauer wird der helle Stahl ebenfalls dunkler, die Kanten werden unschärfer, und es bildet sich ein Relief. Dadurch ergibt sich aber die Möglichkeit, mittels Zwischenschleifen die hochliegenden, ohnehin schon helleren Partien wieder vollständig blank zu machen. Das sollte mit sehr feinen Körnungen (K1200+) und unter fließendem Wasser erfolgen.

Dabei darf kaum Druck ausgeübt werden, um nicht die tiefliegenden Partien ebenfalls aufzuhellen. Durch mehrfache kurze Ätzvorgänge und Zwischenschleifen mit immer feineren Körnungen lassen sich Schattierungen erzeugen, die dem Muster die zusätzliche Plastizität verleihen.

Das Objekt sollte vor dem Ätzen gehärtet und entsprechend fein geschliffen sein (Minimum K800). Es empfiehlt sich, dieses Finish sehr sorgfältig auszuführen, da – besonders bei gröberen Mustern – jede nicht beseitigte Schleifspur beim Ätzen deutlich sichtbar wird.

Um eine gleichmäßige Ätzung zu erreichen, muss das Objekt gründlich entfettet werden. Das kann mit Spiritus, Aceton oder Schlämmkreide erfolgen, die besten Erfahrungen habe ich jedoch mit handelsüblichem Geschirrspülmittel gemacht. Um das Objekt nicht während des Vorgangs durch Hautkontakt wieder einzufetten, sollte man Gummihandschuhe tragen (deren Außenseite natürlich ebenfalls fettfrei sein muss!). Nachdem das Objekt unter fließendem Wasser mit einem Spülschwamm und reichlich Geschirrspülmittel entfettet wurde, müssen alle Rückstände des Reinigers (auch von den Handschuhen) abgespült werden, da auch diese für Unregelmäßigkeiten im Ätzbild sorgen.

Wenn Schwefel- oder Zitronensäure verwendet werden, kann diese im Wasserbad auf etwa 50 °C erwärmt werden, um die Ätzdauer zu verkürzen. Das ist bei $FeCl_3$ nicht nötig. Wird die Säure erwärmt, sollte sie sich in einem Glasgefäß befinden, ansonsten kann auch säurefester Kunststoff verwendet werden. Es ist sinnvoll, das Gefäß je nach Geometrie des Objekts so zu wählen, dass ein vollständiges Eintauchen möglich ist, ohne übermäßig viel Säure zu benutzen. Für Messerklingen haben sich Messzylinder aus dem Laborbedarf bewährt, die in verschiedenen Größen aus Glas und auch aus Kunststoff erhältlich sind.

Um das Objekt einzutauchen und wieder herauszunehmen, kann es an einem rostbeständigen Stahldraht befestigt werden. Das sollte aber nur an Stellen geschehen, die

Praxis-Tipp

Ätzen mit $FeCl_3$

- Werkstück gründlich entfetten mit Spülmittel, klar spülen.
- In $FeCl_3$ tauchen, Ätzbild prüfen: gegebenenfalls mit Stahlwolle abreiben, erneut entfetten, klarspülen, Test wiederholen.
- 5 Minuten ätzen, dann schwarzen Belag abreiben.
- 10 Minuten ätzen.
- Zwischenschleifen MM3600.
- 5 Minuten ätzen.
- Zwischenschleifen MM6000.
- 5 Minuten ätzen.
- Finish MM12000.
- Einölen.

Die Ätz-Zeiten sind abhängig von der Säurekonzentration – ausprobieren!

Ätzutensilien: Messzylinder, Küchenpapier, Spülmittel, Schwamm, Handschuhe, Micro-Mesh, Magnet am Draht.

später nicht sichtbar sind (zum Beispiel die Angel eines Messers), da an den Kontaktstellen ein ungleichmäßiges Ätzbild entsteht.

Wenn das Objekt keine derartige Möglichkeit bietet, kann ein Magnet hilfreich sein, der an einem Draht befestigt wird. Damit der Magnet die Oberfläche des Werkstücks nicht verkratzt, ist es empfehlenswert, ihn mit Isolierband zu umwickeln. So können auch Objekte ohne „Haken" in der Säure deponiert und wieder herausgenommen werden. Der Magnet sollte während des Ätzvorgangs vom Objekt gelöst werden, um Unregelmäßigkeiten der Ätzung an der Kontaktstelle zu vermeiden.

Nachdem man das Objekt aus der Säure genommen hat, wird es neutralisiert und gründlich abgespült. Schon nach dem ersten Eintauchen in die Säure sollte das Werkstück umgehend wieder herausgenommen und begutachtet werden. Zeigen sich markante Helligkeitsunterschiede oder Schlieren im Ätzbild, befinden sich noch Fett- oder Spülmittelrückstände auf der Oberfläche. Um beim nächsten Versuch diese Probe wiederholen zu können, empfiehlt es sich, die dunkle Färbung durch Abreiben mit feiner Stahlwolle (000) wieder zu entfernen. Danach sollte man das Objekt erneut entfetten und abspülen.

Ist das Ätzbild gleichmäßig, kann das Werkstück wieder in die Säure und verbleibt dort für die gewünschte Zeit (siehe Abschnitt 9.2). Bei der Verwendung von $FeCl_3$ bildet sich nach wenigen Minuten ein übelriechender, schwarzer Überzug an der Oberfläche. Entfernt man diesen (durch Abreiben mit einem Schwamm oder feiner Stahlwolle unter fließendem Wasser), läuft die folgende Ätzung deutlich schneller.

19.8 Pflege

Aufgrund der Korrosionsneigung der verwendeten Materialien sollten Objekte aus Schweißverbund-Damast stets leicht eingeölt sein. Das verhindert bis zu einem gewissen Grad ein Anlaufen durch Handschweiß und viele Obstsäuren. Trotzdem ist es unerlässlich, Messerklingen nach Benutzung stets zu reinigen und umgehend wieder einzuölen, um ein Anlaufen sicher zu vermeiden.

Nach dem letzten Ätzvorgang oder Zwischenschliff ist es empfehlenswert, das Objekt sofort abzutrocknen und einzuölen. Vollständig entfettet und feucht wie es ist, kann man ansonsten bei der Bildung eines rötlichen Schimmers zusehen. Dabei ist es ratsam, Öl und die dazugehörigen Lappen sorgfältig von den Ätz-Utensilien (Handschuhe, Schwämme, Schleifmittel, Trockentücher etc.) zu trennen, um nicht permanent Fettflecken auf den Werkstücken zu haben.

Man sollte ein säurefreies, nicht verharzendes Öl verwenden. Gut geeignet ist zum Beispiel Kamelien-Öl, das recht zuverlässig vor Korrosion schützt, der Oberfläche einen sanften Glanz verleiht und sehr ergiebig ist. Dieses Öl ist lebensmittelverträglich und kann auch zur Pflege von Hölzern verwendet werden.

Praxis-Tipp

- Werkstück nach dem letzten Ätzvorgang / Finish umgehend mit reichlich Kamelienöl einreiben (weicher, fusselfreier Lappen).
- Nach etwa ein bis drei Minuten den Überschuss entfernen.
- Trocknen lassen.

Schlusswort

Die in diesem Buch vorgestellten theoretischen und praktischen Aspekte machen hoffentlich die Vielfalt des Materials Damaszenerstahl deutlich. Dennoch kann es nicht mehr sein als ein Überblick und der Versuch, Grundlagen zu vermitteln. Es sei daher als Aufforderung verstanden, sich diesen Werkstoff durch praktische Versuche und theoretische Forschung zu eigen zu machen.

Für alle, die Spaß am Ausprobieren und Lernen haben, bietet Damaszenerstahl ein weites Betätigungsfeld. Sind die grundlegenden Techniken gemeistert, kann man mit uneingeschränkter Kreativität die Variationsvielfalt der Mustertechniken erforschen. Technische Herausforderungen sind dabei an der Tagesordnung und sollten nicht zur Entmutigung führen, sondern als Ansporn verstanden werden.

Abschließend möchte ich noch einmal dazu aufrufen, Ergebnisse eigener Versuche, Erkenntnisse, Tipps und Tricks mit anderen zu teilen – nur durch Austausch kann es gelingen, das Wissen und Können rund um diesen Werkstoff zu mehren.

Anhang

Werkstoffe und Wärmebehandlung

Material	WS-Nr.	Kurzname DIN	Färbung [1]	Schweißbarkeit	Verfügbarkeit [2]	Weichglühen Temp [°C]	Härten Temp [°C]	Abschreck-Medium	Anlassen Temp [°C]
WZ-Stahl	1.2842	90MnCrV8		+	+	680 - 720	790 - 820	Öl	170 - 200
Feilenstahl	1.2206	140CrV1		–	+	710 - 740	770 - 800	Öl	100 - 150
Kugellagerstahl	1.3505	100Cr6		–	+	780 - 800	800 - 830	Öl	150 - 170
Federstahl	1.5026	55Si7		– –	+	640 - 680	820 - 870	Öl	180 - 200
Baustahl	1.0037	S235 (St37)		+	+ +	–	–	–	–
WZ-Stahl	1.2796	75Ni8		+	–	650 - 700	800 - 830	Öl	170 - 200
WZ-Stahl	1.2767	X45NiCrMo4		–	0	610 - 650	840 - 870	Öl	170 - 210
Reinnickel	2.4060			0	–	–	–	–	–

1) Diese ist abhängig von der Kombination der Werkstoffe untereinander sowie Ätzmedium und -dauer. Die dargestellten Färbungen sollen eine ungefähre Vergleichbarkeit der Werkstoffe untereinander ermöglichen. Dabei wurden 1.2842 und Reinnickel als Pole des Spektrums angenommen.

2) Diese Wertung ist eine Kombination aus tatsächlicher Verfügbarkeit (in Kleinmengen brauchbarer Lieferformen) und dem Preis. Ein positiver Eintrag steht für gute Verfügbarkeit und niedrigen Preis, da sich diese Faktoren zumeist gegenseitig bedingen.

Bezugsquellen

Firma	Lieferprogramm	Telefon	E-Mail	Website
Angele Maschinenbau	Schmiedebedarf, Werkzeug, Stähle	07352-92260	info@angele.de	www.angele.de
Gebr. Recknagel	Stähle	03684-444800	grp@stahlnetz.de	www.stahlnetz.de
KunSTahl / Achim Wirtz	Stähle, fertige Damaste	02405-462486	wootz@web.de	
Lindenschmiede	Stähle, Material für Selbstbau-Gasessen, div. Messermacherbedarf	06307-7635	peter.abel@lindenschmiede.de	www.lindenschmiede.de
Nordisches Handwerk	Materialien, Stahl, Fachliteratur	0451-3992797	kontakt@ nordisches-handwerk.de	www.nordisches-handwerk.de
Thaldorfer Messerschmiede	Damastschmiedekurse	0160-2119763	jr@messerschmiede-thaldorf.de	www.messerschmiede-thaldorf.de
Schanz	Damasteel, div. Messermacherbedarf	07249-952509	info@schanz-messer.de	www.schanz-messer.de
Steigerwald	Damasteel, div. Messermacherbedarf	09129-402151	info@steigerwald-messer.de	www.steigerwald-messer.de
Wolf Borger	Damasteel, Stähle, div. Messermacherbedarf	07255-72303	wolf@messerschmied.de	www.wolf-borger-messer.de

Literatur

Autor	Titel	Ort	Jahr	Schwerpunkte
Bergland, H.	Die Kunst des Schmiedens	Bruckmühl	2004	Praxis: Umfangreicher „Schmiedelehrgang", zahlreiche Sondertechniken
Billgren, P. + M.	Damasteel Handbook	Söderfors	1999	Damasteel: Herstellungsverfahren, Bearbeitung, Muster
Denig, H.	Alte Schmiedekunst - Damaszenerstahl, Band I	Trippstadt	1990	Damast: Historie, technische Grundlagen, Werktechniken
Denig, H.	Alte Schmiedekunst - Damaszenerstahl, Band II	Trippstadt	1999	Damast: Werktechniken, Musterbildung, Renneisengewinnung
Hrisoulas, J.	The Pattern-Welded Blade: Artistry in Iron	Boulder / Colorado	1994	Praxis: Schweißverbund-Damast, Musterbildung
Kapp, L. + H., Yoshihara, Y.	Japanische Schwertschmiedekunst	Eschershausen	1996	Theorie: Schmieden und Polieren japanischer Klingen, Herstellen von Montierungen
Landes, R.	Messerklingen und Stahl, 2. Auflage	Bruckmühl	2006	Theorie: Schneiden, Schärfe, Klingenstähle, Wärmebehandlung
Midgett, S.	Mokume Gane	Bruckmühl	2005	Theorie und Praxis: Mokume Gane
Sachse, M.	Alles über Damaszener Stahl	Bremerhaven	2005	Damast: Nachschlagewerk
Sachse, M.	Damaszener Stahl – Mythos. Geschichte. Technik. Anwendung.	Düsseldorf	2008	Damast: Historie und Theorie
	Stahlschlüssel Taschenbuch	Marbach / N.	2004	Zusammensetzung und Wärmebehandlungs-Kennwerte von Stählen

Informationsquellen

Deutsches Klingenmuseum Solingen www.klingenmuseum.de	Umfangreiche Sammlung von Klingen, u.a. Damaszenerstahl-Objekte, regelmäßige Sonderausstellungen.
Internationale Gesellschaft für Damaszenerstahlforschung (IGDF) www.damaszener.de	Zusammenschluss von Historikern, Schmieden, Metallurgen und Kunsthistorikern, die sich in Theorie und Praxis mit dem Thema Damaszenerstahl befassen.
Hephaistos Verlag www.metall-aktiv.de	Bücher, Zeitschriften und ein sehr umfangreicher Veranstaltungskalender zum Thema Schmieden.
Messerforum www.messerforum.net	Internet-Forum mit vielfältigen Informationen und Diskussionen zu Messern, Schmiedetechniken und Materialien.
Wieland Verlag www.wieland-verlag.com	Bücher und Zeitschriften zu den Themen Schmieden, Messer, Schwerter etc.

Index

	Theorie	Praxis
A		
Anlassen		166
Arbeitssicherheit		78
Asthetische Erscheinung	36	
Ätzen	41-42	167
Ätzmedien		
(siehe auch Säuren)	94	
B		
Borax	93	
Bulat	33	
C		
Chromgehalt	16, 33	82
D		
Damaskus	10	
Damasteel	19	
Damaszieren	23	
Dambrascus	25	
Deckschicht-Technik	63	156
Deformation	60	148
Drahtseil	51	125
E		
Eisen(III)-Chlorid	94	167
Elektrischer Ofen	88	
Entfaltung	61	154
Explosions-Damast	60	125
F		
Falscher Damast	21	
Falten		129
Feuerschweißen	19	106
Feuerwaffen	31	
Flussmittel	93	107
Flussmittel aufbringen		107
Frauenhaar-Damast	55	136
G		
Gasesse	86	
Geschichte	27	
Gestaltungsmöglichkeiten	41	
H		
Handgriff		102
Handhammer	90	
Härten	80	166
Hydraulikpresse	91	
I		
Illerup Ådal	29	
Indonesien	30	
Industrieller Damast	16	
Intarsien-Technik	67	158

	Theorie	Praxis
J		
Japan	21, 30	
K		
Kerbtechnik	58	144
Kohlefeuer	84	
Kohlenstoffdiffusion	81	
Kohlenstoffgehalt	80	
Kraftquelle	90	
Kris	30	
L		
Lagenanordnung		
(siehe auch Lagenzahl)	98	
Lagenzahl	98, 129	133
Laminat	46	
LaTène-Zeit	27, 29	
Lüttich	31	
M		
Mangangehalt	81	
Maschinenhammer	90	
Maschinenkette	51	127
Meteoriteneisen	39	
MicroMesh		165
Mokume Gane	24	
Mosaik	47	118
Bitmap	47	118
Fertigteil	51	125
Matrix	49	122
Puzzle	50	124
Spirograph	48	120
Multibarren-Technik	65	156
Mythos	13	
N		
Nickelgehalt	81	
O		
Oberflächenmanipulation	58	140
Orientierung	52	
P		
Packen		108
Pflege		169
Prägetechnik	58	140
Primärmuster	19	
Pulvermetallurgischer Damast	16	
Q		
Quarzsand	93	

	Theorie	Praxis
R		
Raffinierstahl	21	
Rennofen	29	
Rostträger Damast	33	
S		
Sägekette	51	127
Sandwich-Klinge	11	
Säuren		
(siehe auch Ätzmedien)	94	
Schleifen		164
Schmelz-Damast	19	
Schmieden		159
Schwefelsäure	94	
Schweißeigenschaften	80	
Schweißfehler		115
Schweißtemperatur	80	110
Schweißverbund-Damast	16	
Sekundärmuster	19	
Solingen	31	
Stahlsorten	80	82
Stapeln		129
Struktur	36	
Strukturbeeinflussende Technik	44	
Strukturbildende Technik	44	
Supercollider Wiring	25	
T		
Tamahagane	21	
Tertiärmuster	21	
Timascus	25	
Torsion	55	134
Trennen		160
V		
Verbundklingen	64	
Vervielfältigung	52	129
Vorbereitung		
Vorbereiten des Pakets		69
Vorwärmen		106
W		
Wärmequelle	84	
Weichglühen		161
Werkstoffe	80	
Werkstoffe (Tabelle)	171	
Werkstoffkombinationen	83	
Wootz	19	
Wurmbunter Damast	66	
Z		
Zerspanen		163
Zitronensäure	95	

Ernst G. Siebeneicher-Hellwig und Jürgen Rosinski

DAMAST-MESSER SCHMIEDEN FÜR ANFÄNGER

Vom rohen Stahl zum fertigen Damast-Messer

128 Seiten, zahlreiche farbige Abbildungen, Format 160 x 230 mm, Softcover mit Spiralbindung, ISBN 978-3-938711-36-1

EUR 29,80

Ernst G. Siebeneicher-Hellwig und Jürgen Rosinski setzen mit diesem Band ihren erfolgreichen ersten Titel „Messerschmieden für Anfänger" fort. Nun geht es um Klingen aus Damaszenerstahl. In diesem Band wird zunächst erläutert, was Damaszenerstahl ist und wie er hergestellt wird. Im praktischen Teil werden dann Pakete aus verschiedenen Stahlsorten zu Damast (so die Kurzform) im Schmiedefeuer verschweißt und daraus in der Folge eine Klinge geschmiedet. Diese wird mit einem Griff versehen und zu einem kompletten Messer fertiggestellt. Alle Arbeitsgänge werden mit einfachen Mitteln durchgeführt, die an den Leser keine großen Anforderungen hinsichtlich der Ausrüstung stellen. Die Schmiedeesse wird aus einem einfachen Grill selbst gebaut. Jeder Schritt wird erläutert und in Fotos dokumentiert.

Håvard Bergland

DIE KUNST DES SCHMIEDENS

Das große Lehrbuch der traditionellen Technik

344 Seiten, über 1500 Abbildungen und Grafiken, Format 215 x 260 mm, Hardcover

ISBN 978-3-9808709-4-8

EUR 49,80

Eine Fundgrube des Wissens für angehende und erfahrene Schmiede. Das große Standard-Werk des norwegischen Schmiede-„Papstes" Håvard Bergland ist ein umfassendes Buch, das seinesgleichen sucht. Auf 344 Seiten wird die gesamte Vielfalt des Schmiedehandwerks in voller Breite dargestellt – von Messerklingen über Möbelschlösser bis zu Wagenrädern.

In über 1500 Fotos, Grafiken und Zeichnungen werden Werkzeuge, Einrichtungen, Techniken und Werkstücke gezeigt. Håvard Bergland lässt den Leser an seiner jahrzehntelangen Erfahrung teilhaben und gibt unzählige Tipps für die Praxis des Schmieds.

Direktbestellung: www.wieland-verlag.com/buecher